Outdoor-Abenteuer MIT HUND

Geländespiele, Geocaching, Krimiwanderungen & Co.

VERENA HELFRICH

Müller Rüschlikon

Einbandgestaltung: R2 I Ravenstein, Verden

Titelfoto: Lisbeth Bakke Ganer

Bildnachweis:
Lisbeth Bakke Ganer, lisbethganerphotography.com: S. 6, 16 oben, 56, 94, 103, 106, 123; Vivien Buckendahl: S. 24, 29 oben, 51, 55, 124; Sabrina Fäth: S. 72; Francine Hahn: S. 73; Tim Haltermann, www.canimago.de: S. 15; Manuela Krimmer: S. 75; Letterboxclubs Dartmoor: S. 34; Donna Luettjen Photography: S. 76–78; Farina Mancino, www.blechkotheontour.de: S. 10, 23, 98, 101, 102, 131 oben, 134, 142; Jil Roderes, jilroderes.de: S. 9, 65, 109, 113, 116, 118,121, 130 unten, 131 unten; Svenja Roes: S. 37, 64, 107; Raphaela Schlich: S. 13; Daniela Stapelfeldt, drews-fotografie.de: S. 117; Inga Theedt: S. 82, 88 oben, 89.
Alle übrigen Bilder stammen von Verena Helfrich.

ISBN 978-3-275-02157-4

Postfach 103743, 70032 Stuttgart
Ein Unternehmen der Paul Pietsch Verlage GmbH & Co. KG

1. Auflage 2019

Sie finden uns im Internet unter www.mueller-rueschlikon-verlag.de

Lektorat: Claudia König
Innengestaltung: R2 I Ravenstein, Verden
Druck und Bindung: Appel & Klinger Druck und Medien GmbH, 96277 Schneckenlohe
Printed in Germany

INHALT

„Stay wild!“

Outdoor-Abenteuer sind für jedes Mensch-Hund-Team eine Bereicherung!

Außergewöhnliches (ER)LEBEN

Gemeinsam mit Ihrem Hund die Natur entdecken, zusammen kleine Abenteuer fernab des Alltags erleben, neue Erfahrungen sammeln, persönliche Grenzen überwinden und sich dabei entwickeln: In diesem Buch finden Sie jede Menge Anregungen und Ideen, wie Sie gemeinsam mit Ihrem Vierbeiner eine schone Zeit und intensive Momente verbringen können. Sie erfahren, worauf Sie bei den Vorbereitungen achten müssen und welche Materialien Sie benötigen. Sie können zwischen Outdoor-Abenteuern, die Sie alleine mit Ihrem Hund erleben können und solchen, die mit mehreren Mensch-Hund-Teams gestartet werden, wählen. Outdoor-Abenteuer mit Hund erwarten Sie direkt vor der Haustüre: Krimiwanderungen, Geocaching, Kooperationsspiele und vieles mehr.

Bei den Outdoor-Abenteuern mit Hund lernen Sie Ihren Hund und auch sich selbst eventuell von einer ganz neuen Seite kennen und stärken ganz nebenbei Ihre Mensch-Hund-Beziehung: Gemeinsame Abenteuer verbinden!

In unserem Alltag richten wir unseren Fokus meist auf das nächste Wochenende, den nächsten Urlaub, und wir malen uns in den schönsten Farben aus, was wir in dieser Zeit alles erleben können. Outdoor-Abenteuer bieten uns jedoch nahezu unendliche Möglichkeiten, gemeinsam mit unserem Hund kleine und große Abenteuer zu erleben. Egal, zu welcher Jahreszeit oder Tageszeit und bei fast jeder Witterung ist es möglich, direkt vor unserer Haustür Erlebnisse mit Hund zu erfahren. Mit Ihrem Hund gehen Sie ja sowieso vor die Tür – warum also nicht gleich ein Abenteuer dabei erleben?!

Gemeinsame Erlebnisse bringen einander näher, schweißen zusammen und fördern ganz nebenbei die Entwicklung des Einzelnen – dies gilt sowohl für Mensch als auch für Hund. Viel zu oft haben wir den Kopf mit vielen Aufgaben so voll, dass selbst der Spaziergang mit dem Hund in Stress ausartet. Dabei ist es in der Regel genau das, was wir nicht wollen: Die meisten Hundehalter stellen sich vor, gemeinsam mit ihrem Vierbeiner bei Spaziergängen und Ausflügen kleine Auszeiten vom Alltag zu nehmen. Wenn wir uns bewusst dafür entscheiden, kleine und große Erlebnisse, die im Herzen bleiben und das Leben bereichern, in unserem Alltag zu leben, kann dies für mehr Glück und Lebensfreude sorgen!

Wie Sie dieses Buch nutzen können

In diesem Buch finden Sie jede Menge Anregungen und Ideen, wie Sie gemeinsam mit Ihrem Hund kleine und größere Outdoor-Abenteuer für sich entdecken können. Von Geländespielen wie einer Fotosafari oder Krimiwanderung mit Hund über Wander-Abenteuer wie dem Dogtrekking oder einer Nachtwanderung bis hin zu Action reichen Erlebnissen wie dem Stand Up Paddeling, finden Sie die verschiedensten Erlebnisse vor, die alleine oder in einer Gruppe von Mensch-Hund-Teams, mit kleinem oder großem Vorbereitungsaufwand bewältigt werden können. Man könnte sagen, dass „Outdoor-Abenteuer mit Hund" eine Mischung von Erlebnispädagogik,

Kleine und große Outdoor-Abenteuer mit Hund können Sie bei fast jedem Wetter durchführen.

Gemeinsam große und kleine Hürden nehmen – Outdoor-Abenteuer stärken die Mensch-Hund-Beziehung.

verschiedenen Sportarten beziehungsweise sportlichen Herausforderungen und Mikroabenteuern sind - und das alles in Verbindung mit Hunden.

Für jedes Fitnesslevel von Mensch und Hund ist etwas dabei. Die Erlebnisse können von Ihnen immer individuell genau so gestaltet werden, dass es zu Ihnen und Ihrem Hund passt.

Es geht nicht bei allen vorgestellten Outdoor-Abenteuern darum, den eigenen Hund direkt mit einzubinden. Denn selbst, wenn der Hund „nur" dabei ist, stärkt dies die gemeinsame Verbindung zueinander. Gerade in der heutigen Zeit, in der nicht nur wir Menschen, sondern auch viele Hunde unter einem Zuviel an Beschaftigung leiden, ist manchmal weniger mehr. Unsere Hunde müssen im Alltag „funktionieren" und stehen vielen Herausforderungen gegenüber. Dazu kommen häufig noch Hobbies, die sie gemeinsam mit ihren Menschen ausführen. Und selbst ein normaler Spaziergang artet in Stress aus, wenn der Hund ständig verschiedene Aufgaben erledigen muss. Das soll nicht heißen, dass Sie Ihren

Um einen hohen Gipfel zu besteigen ist körperliche Fitness erforderlich – bei Mensch und Hund!

Hund nicht beschäftigen und auslasten sollen und dürfen, behalten Sie aber stets gut im Blick, welches Maß an Beschäftigung sinnvoll ist. Bei den vorgestellten Outdoor-Abenteuern in diesem Buch ist der Fokus auf das gemeinsame Erleben ausgerichtet, ein kleines Wander-Abenteuer kann ebenso spektakulär sein, wie die Teilnahme an einem Hindernislauf.

Viele der Outdoor-Abenteuer sind kleine Mikroabenteuer und liegen direkt vor unserer Haustür – wir müssen nur nach draußen gehen! Der Weg raus aus der eigenen Komfortzone, um gemeinsam mit dem eigenen Hund neue Erfahrungen zu machen und Abenteuer zu erleben, kann dazu beitragen, die Mensch-Hund-Beziehung zu vertiefen und mehr Verbundenheit und Innigkeit zu erfahren.

Insbesondere bei Mensch-Hund-Beziehungen, die durch verschiedene Aspekte belastet sind, können gemeinsame Erlebnisse manchmal mehr bewirken als ein klassischer Besuch einer Hundeschule. Sich aufeinander verlassen zu können, kleine und größere Hürden gemeinsam zu nehmen und den Fokus einmal nicht auf die Probleme des Alltags zu lenken, ist bereichernd und erholsam zugleich.

Selbstverständlich sind gemeinsame Outdoor-Abenteuer kein Allheilmittel und können somit auch keine Wunder vollbringen. Sie können jedoch einen gewichtigen Beitrag zu einer stabilen Beziehung leisten. Die Fähigkeit, einander besser zu verstehen und die Grenzen des anderen zu erkennen und anzuerkennen, kann zu mehr Verständnis der eigenen Mensch-Hund-Beziehung beitragen.

Jedes Outdoor-Abenteuer mit Hund beginnt mit einer kurzen Übersicht, in der Sie auf einen Blick erkennen können, ob das jeweilige Erlebnis für eine Durchführung alleine oder mit mehreren Mensch-Hund-Teams geeignet ist, wie viel Vorbereitungszeit Sie einkalkulieren müssen, welche Materialien Sie gegebenenfalls benötigen sowie weitere Details.
Im Anschluss daran folgt abhängig vom jeweiligen Outdoor-Abenteuer eine Kurzbeschreibung, woran sich die Vorbereitungen, der Ablauf, Praxistipps und gegebenenfalls weitere Varianten anschließen. Am Ende jedes Erlebnisses finden Sie Links und Lesetipps.

Sie müssen das Buch nicht in der vorgegebenen Reihenfolge lesen, sondern können auch direkt zu dem von Ihnen gewünschten Outdoor-Abenteuer vorblättern. Bevor Sie das entsprechende Erlebnis planen, sollten Sie jedoch das Kapitel „Bevor Sie Ihr Outdoor-Abenteuer mit Hund starten" lesen, da die darin erläuterten allgemeinen Hinweise für alle Outdoor-Abenteuer wichtig sind. Hierzu gehören unter anderem umweltgerechtes Verhalten, Gruppenregeln und Hinweise zur Ausrüstung.

BEVOR SIE
Ihr Outdoor-Abenteuer mit Hund starten

Bevor Sie in Ihr persönliches Outdoor-Abenteuer mit Hund starten, sollten Sie sich unabhängig von den individuellen Vorbereitungen für das jeweilige Erlebnis mit ein paar allgemeinen Aspekten beschäftigen. Umweltgerechtes Verhalten, Gruppenregeln, Ausrüstung – jeder einzelne Themenpunkt könnte ein Buch füllen. Daher beschränken wir uns auf die wichtigsten Aspekte, die Sie individuell je nach den Bedürfnissen und Erfordernissen für Ihren Hund und sich selbst gegebenenfalls anpassen.

Umweltgerechtes Verhalten bei Outdoor-Abenteuern mit Hund

Ob in Deutschland oder anderswo: Überall erwarten uns bei Aktivitäten in der Natur gesetzliche Regelungen, die einzuhalten sind, und generelle Verhaltensregeln, die dafür da sind, die Natur zu schützen und ein harmonisches Miteinander zu gewährleisten. Dies gilt gleichermaßen für uns Hundehalter wie auch bei Freizeitaktivitäten ohne Hund.

In Deutschland sind die Vorschriften nicht einheitlich, sondern unterscheiden sich von Bundesland zu Bundesland. Daher ist es ratsam, sich vorab zu informieren. Was erlaubt ist und was nicht, ist unter anderem in den Forstgesetzen, Naturschutzgesetzen, dem Jagdgesetz auf Bundes- und Landesebene, dem Landeshundegesetz in NRW und den vergleichbaren Gesetzen der anderen Bundesländer und den kommunalen Regelungen festgelegt.

Beachten Sie örtliche Regelungen, vielerorts gilt Leinenpflicht.

Zu den wichtigsten Regeln bei Aktivitäten in der Natur gehören folgende:

- Wenn Sie sich in der Natur bewegen achten Sie darauf, die Wege nicht unnötig zu verlassen. Dies gilt insbesondere in der Brut- und Setzzeit und vor allem auch für Ihren Vierbeiner. Schonzeiten und Schutzebiete sind unbedingt zu beachten, da ansonsten die dort lebenden und brütenden Tiere gestört werden könnten.
- Nehmen Sie Ihren Hund spätestens bei Begegnungen mit anderen Menschen und Tieren an die Leine. Für Hundehalter ist dies ein wichtiger Aspekt, der häufig zu Diskussionen und Streitigkeiten führt. Leider werden durch freilaufende Hunde immer wieder Wildtiere gehetzt, verletzt oder getötet. Darüber hinaus ist es auch für andere Menschen, die sich in der Natur aufhalten möchten, nicht immer schön, wenn plötzlich ein freilaufender

Hund vor ihnen steht. Nicht jeder Hund mag zudem Kontakt zu Artgenossen. Mit etwas Rücksichtnahme wären Konflikte zu vermeiden und die Natur zu schützen.

- Geschützte Pflanzen oder Pilze dürfen nicht abgeschnitten, gepflückt oder auf sonstige Art und Weise beschädigt werden.
- Vermeiden Sie unnötigen Lärm, um beispielsweise im Wald lebende Tiere nicht zu vertreiben.
- Produzieren und hinterlassen Sie keinen Müll in der Natur. Wildtiere könnten den Abfall mit Nahrung verwechseln und daran verenden, sich darin verheddern oder anderweitig daran verletzen. Oder Sie nutzen diesen zum Bau von Nestern, die dann so wasserdicht sind, dass ihre Jungen bei Regen darin ertrinken. Es sollte für jeden Einzelnen absolut selbstverständlich sein, Müll ausschließlich in die dafür vorgesehenen Behältnisse zu entsorgen. Mülleimer, die im Wald oder anderswo in der Natur aufgestellt werden, müssen auch geleert werden. Dies ist ein Grund, warum man nicht erwarten kann überall einen entsprechenden Behälter zur Entsorgung eigener Abfälle vorzufinden. Stattdessen ist hier Eigeninitiative gefragt: Nehmen Sie sich ein geeignetes Behältnis wie zum Beispiel eine Mülltüte auf Ihre Ausflüge mit, in dem Sie Ihre Abfälle sammeln und im besten Fall auch einmal Müll sammeln, den Sie nicht selbst verursacht haben. Das ist gelebter Natur- und Umweltschutz!
- Machen Sie nur Feuer an ausgewiesenen Stellen, dies gilt ebenso für das Campieren.
- Rauchen ist in einigen Bundesländern mit wenigen Ausnahmen im Wald verboten. Sie sollten generell beim Aufenthalt in der Natur, besonders im Sommer, darauf achten, keine glimmenden Zigarettenstummel wegzuwerfen und auch keine Tabakreste zu hinterlassen.
- Informieren Sie sich über die örtlich geltenden Regeln und halten Sie diese ein.

Erlebnisse mit einer Gruppe von Mensch-Hund-Teams

Wenn Sie ein Outdoor-Abenteuer in der Gruppe planen, sind verschiedene Dinge zu beachten. Vor allem die teilnehmenden Hunde spielen bei den Überlegungen eine Rolle. Wichtige Punkte, die Sie bei der Planung bedenken sollten, sind:

- **Teilnahmevoraussetzungen für die Mensch-Hund-Teams:** Hierbei kann es sowohl um Voraussetzungen bei den Menschen gehen, wie zum Beispiel deren körperliche Fitness, als auch bei den Hunden, beispielsweise die Sozialverträglichkeit.
- **Gruppengröße:** Achten Sie vor allem darauf, dass die Gruppe nicht zu groß ist. Bei manchen Erlebnissen ist es auch möglich, die Gruppen aufzuteilen. Am besten, Sie legen für sich eine Mindest- und Maximalteilnehmerzahl für Mensch und Hund fest. Nach der Durchführung von vielen verschiedenen Gruppenerlebnissen für Menschen mit ihren Hunden rate ich Ihnen, die meisten Aktivitäten in Gruppen unter 10 Teilnehmern durchzuführen. Selbstverständlich ist es bei vielen Erlebnissen möglich, auch mit größeren Gruppen zu starten. Für mich persönlich geht dabei jedoch etwas von

Bei Gruppenaktivitäten kann es sinnvoll sein, vorab eine Teilnehmerzahl, vor allem im Hinblick auf die Anzahl der teilnehmenden Hunde, festzulegen.

dem Flair, welches Outdoor-Abenteuer bieten, verloren. Zudem ist auch für viele Hunde ein überschaubarer Rahmen empfehlenswerter.

- **Zielgruppe:** Sie können die Planung und Durchführung von Erlebnissen auch an einer bestimmten Zielgruppe ausrichten, zum Beispiel eine Fotosafari oder eine Krimiwanderung für Halter von Hunden einer bestimmten Rasse, für junge oder alte Hunde oder ausschließlich für Singles. Dabei stimmen Sie Aufbau und Inhalte auf die entsprechende Zielgruppe ab.
- **Gruppendynamik:** Bei Erlebnissen in der Gruppe werden selbstverständlich gruppendynamische Prozesse in Gang gesetzt. Sie als Verantwortlicher sind dabei besonders gefordert, können sich aber selbstverständlich auch Unterstützung suchen. Eine harmonische Gruppenatmosphäre ist eine wichtige Grundlage für ein schönes oder gar unvergessliches Erlebnis. Es kann sinnvoll sein, bei Gruppenerlebnissen vorab ein paar Regeln aufzustellen, so beugen Sie Unstimmigkeiten oder Konflikten vor. Ein Beispiel für mögliche Gruppenregeln finden Sie im Anhang.
- **Empfindliche Naturbereiche:** Insbesondere, wenn Sie mit einer größeren Gruppe unterwegs sind, sollten Sie darauf achten, empfindliche Bereiche eher zu meiden. Dazu gehören besonders ausgewiesene Schutzgebiete wie Feuchtbiotope und Wildruhezonen.
- Gerade in einer Gruppe haben Sie eine besondere **Vorbildfunktion** für andere Hundehalter und Außenstehende, als Organisator tragen Sie besondere Verantwortung.

Überprüfen Sie Ihre körperliche Fitness – und die Ihres Hundes!

Ausreichend Trinkwasser für Mensch & Hund gehört zum Gepäck für jedes Outdoor-Abenteuer dazu.

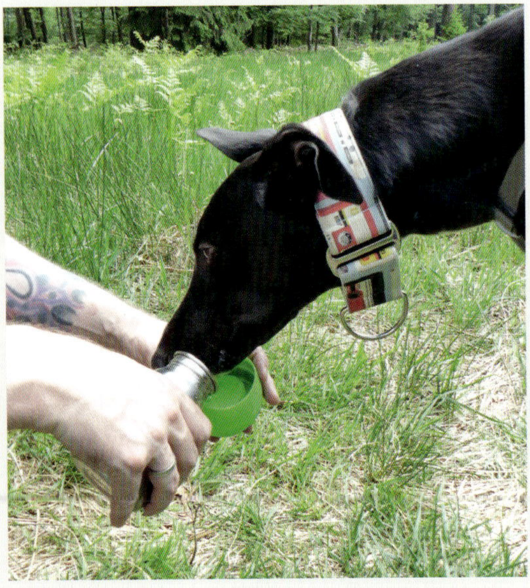

Grenzen erkennen

Prüfen Sie immer vor Beginn eines Outdoor-Abenteuers, ob Sie und Ihr Hund die gesundheitlichen Voraussetzungen hierfür erfüllen.

Bei manchen der in diesem Buch vorgestellten Erlebnisse benötigen Sie ein bestimmtes Fitnesslevel, meistens lässt sich das jeweilige Erlebnis jedoch individuell gestalten und anpassen.

Kraft und Ausdauer, aber auch die Offenheit für neue Erfahrungen und Teamgeist können – je nach Erlebnis – ebenfalls gefragt sein. Bei gemeinsamen Erlebnissen mit anderen Mensch-Hund-Teams lohnt es sich auch kritisch zu hinterfragen, ob der eigene Hund hierfür geeignet ist und was man ihm gegebenenfalls zumuten kann. Bevor Sie in sportlichen Herausforderungen wie dem Dogtrekking oder Hindernisläufen durchstarten, sollte Ihr Hund – je nach Rasse und individueller Entwicklung – ausgewachsen sein. Im Zweifelsfall sollten Sie die Meinung Ihres Arztes und Ihres Tierarztes einholen.

Ausrüstung für Abenteuer

Bei der Beschreibung der Outdoor-Abenteuer wird in der Übersicht auf die benötigte Ausrüstung hingewiesen. Dabei wird jedoch in der Regel nur auf das Equipment hingewiesen, welches nicht sowieso bei Outdoor-Abenteuern sinnvoll ist. Je nach Erlebnis, der Witterung, individuellen Voraussetzungen und Bedürfnissen ist folgende Ausrüstung empfehlenswert:

MENSCH	HUND
dem Wetter angepasste **Kleidung** eventuell **Wechselkleidung** gute **Schuhe** **Rucksack:** Die Konstruktionsweise und Größe (Literzahl) ist abhängig davon, wie und in welchem Bereich der Rucksack eingesetzt werden soll. **Erste-Hilfe-Set:** Wählen Sie ein Set, welches für Mensch und Hund die wichtigsten Materialien enthält. Ergänzen Sie dieses nach Bedarf um weitere Utensilien. Trinkflasche oder Trinksystem und ausreichend Wasser	**Halsband** und/oder Geschirr **Leine** **Wasser-/Futternapf und ausreichend Wasser**
Optional:	*Optional:*
Wanderkarte, GPS-Gerät und/oder GPS-fähiges Handy mit entsprechender Karte (App) **Insektenschutz** **Sonnenbrille** und **Sonnencreme** **Kopfbedeckung** **Drybag:** Ein Drybag ist ein wasserdichter Packsack zum Schutz von elektrischer Ausrüstung, Kleidung und mehr. **Stirnlampe** und/oder Taschenlampe **Wanderstöcke** **Signalpfeife** **Schlafsack:** Achten Sie darauf, für welchen Temperaturbereich der Schlafsack gedacht ist. **Isomatte:** Selbstaufblasende Isomatten oder alternativ eine Isomatte aus Schaumstoff. **Zelt:** Wählen Sie ein Zelt, das auf Ihre Bedürfnisse abgestimmt ist. Wichtige Faktoren sind dabei unter anderem die Größe und das Gewicht des Zeltes. **Kochutensilien:** Vom Campingkocher über Campinggeschirr bis hin zu Besteck. Evtl. regional **vorgeschriebene Papiere** bzgl. der Hundehaltung (Haltungsgenehmigung, Sachkundenachweis).	**Hundeschuhe**/Booties **Jöringleine** (Leine mit Ruckdämpfer) **Liegedecke** **Hundehandtuch** **Hundebademantel** **Packtaschen/** Hunderucksack **Hundeschwimmweste** **Schleppleine** **Anlegepflock** **EU-Heimtierausweis** **Parasitenschutz** **Adressanhänger am Halsband** **Steuermarke**

Gerade bei wärmeren Temperaturen sollten Sie auf eine sinnvolle Parasitenprophylaxe achten.

REISEAPOTHEKE FÜR MENSCH UND HUND

Eine Reiseapotheke sollte so gestaltet sein, dass sie für Mensch und Hund geeignet ist.

Im Handel finden Sie verschiedene Reiseapotheken im Angebot, die meist unvollständig sind. Sie können jedoch ein entsprechendes Set als Basis nutzen und ergänzen.

Verbandsmaterial:

- Wundauflagen
- Mullbinden
- Tupfer
- antiseptische Reinigungstücher
- Verbandswatte (zur Polsterung)
- selbsthaftender Verband
- Klebeband
- Heftpflaster
- Blasenpflaster
- Einmalhandschuhe
- Verbandsschere

Medikamente:

- Desinfektionsmittel (z. B. Octenisept), ideal als Pumpspray
- Wund- und Heilsalbe
- Aktivkohle, als Kohle-Tabletten, Pulver oder Kohle-Compretten (wichtig bei Durchfall, Vergiftungen)
- Elektrolyt-Tabletten (bei starkem Durchfall)
- Blutstillstift (Alaunstift)
- Salzspülung für die Augen

Weiteres:

- Fieberthermometer (die Normaltemperatur beim Hund liegt bei 38-39°C)
- Pinzette und Zeckenhaken
- Holzspatel (um Salbe aufzutragen)
- kleine Taschenlampe (um Augen/Ohren/Rachen etc. untersuchen zu können)
- Einwegspritze zur Medikamenteneingabe
- Rettungsdecke

Ergänzen Sie die Reiseapotheke um weitere Medikamente und Materialien nach Absprache mit Ihrem Hausarzt bzw. Tierarzt.

Einen Maulkorb mit dabei zu haben, kann ebenfalls empfehlenswert sein. In Extremsituationen und unter starken Schmerzen, kann Ihr Hund ganz anders reagieren als Sie ihn sonst kennen. Auch ist das Tragen eines Maulkorbs in manchen Bahnen, Liften, Zügen und Bussen vorgeschrieben.

Alternativ zum Maulkorb kann im Notfall kurzfristig eine Maulschlaufe angelegt werden. Da der Hund mit dieser jedoch nicht hecheln kann, ist ein gut sitzender Maulkorb aus Draht, Leder oder Plastik immer vorzuziehen. Eine Maulschlaufe sollte nur im absoluten Notfall genutzt werden.

Lassen Sie sich beim Kauf der Ausrüstung in entsprechenden Fachgeschäften beraten und informieren Sie sich auf einschlägigen Internetseiten. Es gibt große Unterschiede, was die Qualität, Preisklasse und individuelle Eigenschaften der Ausrüstung betrifft. Gute Ausrüstung ist meist nicht ganz günstig, daher ist es unter Umständen sinnvoll zu schauen, ob Sie sich vielleicht einen Teil des Equipments ausleihen oder gebraucht kaufen können.

Das Wetter und andere natürliche Risiken

Wenn Sie sich in die Natur begeben, sollten Sie sich vorab über das Wetter informieren. Viele Outdoor-Abenteuer sind bei nahezu jedem Wetter machbar – eine Ausnahme bilden jedoch Unwetter jeglicher Art und Gewitter. Extreme Temperaturen im Plus- oder Minusbereich können ebenfalls zur Gefahr werden.

- **Gewitter:** Vor allem im Wald oder in den Bergen sollten Sie ein heraufziehendes Gewitter nicht auf die leichte Schulter nehmen. Die Gefahr, vom Blitz getroffen zu werden, ist in diesen Gebieten besonders hoch. Selbst wenn der Blitz nur in der Nähe einschlägt, sind Sie in großer Gefahr, da sich das elektrische Feld kreisförmig um die Einschlagstelle ausbreitet. Wenn Sie von einem Gewitter überrascht werden, achten Sie darauf, dass Sie mit Ihrem Hund keinesfalls den höchsten Punkt im Gelände bilden. Halten Sie sich von besonders Einschlag gefährdeten Objekten fern, dazu gehören insbesondere einzeln stehende Bäume, Baumgruppen, Waldränder, Bergspitzen, metallische Gegenstände, Freileitungen und Holzmasten sowie Deiche. Schutz bieten Bodenmulden, Hohlwege oder der Fuß eines Felsvorsprungs.
  Geschützte Orte sollten Sie jedoch nicht in Gruppen, sondern nach Möglichkeit einzeln aufsuchen.
- **Nebel** kann auf einer Outdoor-Tour zur Gefahr werden, da Entfernungen nicht mehr gut abgeschätzt werden können. Sofern möglich halten Sie an, bis sich der Nebel lichtet. Die Nutzung eines GPS-Gerätes ist sinnvoll, um eine bessere Orientierung zu gewährleisten.
- **Durch das Wetter** entstehen weiterhin indirekte Gefahren wie Hitzeschlag, Sonnenbrand und Erfrierungen. Sie sollten immer darauf achten, dass Sie und Ihr Hund genügend Flüssigkeit zu sich nehmen, sich bei Hitze möglichst im Schatten aufhalten und Ihren Kopf schützen. Zum Schutz vor Sonnenbrand achten Sie auf einen entsprechend hohen Lichtschutzfaktor. Bei hell pigmentierten oder nur sehr dünn behaarten Hunden besteht ebenfalls ein Risiko, einen Sonnenbrand zu erleiden. Dementsprechend müssen Sie auch Ihren Hund vor der Sonne schützen. Zum Schutz der Pfoten sollten Sie die Temperatur des Bodens gut im Blick behalten und im Zweifelsfall Ihrem Hund Pfotenschuhe/Booties anlegen.

Neben Gefahren, die durch das Wetter entstehen können, sind auch Insektenstiche und Zecken nicht nur lästig, sie können auch gefährlich werden.

Nebel ist kein Hindernis für ein Outdoor-Abenteuer – prägen Sie sich die Strecke gut ein, damit Sie sich nicht verlaufen.

Insektenstiche sind im Normalfall für Menschen und Hunde ungefährlich, es sei denn, dass Sie oder Ihr Tier darauf allergisch reagieren oder im Gesichts-, Hals- oder Rachenbereich gestochen werden. Als Allergiker denken Sie unbedingt daran, ein Notfallmedikament dabeizuhaben. Wenn Sie als Allergiker nicht alleine unterwegs sein sollten, klären Sie am besten auch die anderen Personen darüber auf. Bei Hund und Mensch können Insektenstiche vor allem im Kopf- und Halsbereich, insbesondere im Mund- und Rachenraum lebensgefährlich werden. Sollte es zu Komplikationen kommen ist es hilfreich zu wissen, welches Insekt Sie oder Ihren Hund gestochen hat. Sowohl beim Menschen als auch beim Hund gilt: Falls es sich um einen Bienenstich handelt, sollten Sie den Stachel mit Hilfe einer Pinzette entfernen. Bei einem Wespen-, Hornissen- oder Hummelstich bleibt kein Stachel zurück. Äußere Schwellungen beginnen Sie am besten direkt zu kühlen (kaltes Wasser oder Eispack).

Wenn Ihr Hund gestochen wurde: Leinen Sie ihn vorsorglich an. Bei Verschlimmerung des Zustands, zum Beispiel Schockzustand, Herz- oder Atemstillstand, allergischer Schock, sind weitere Maßnahmen erforderlich.

Es ist empfehlenswert, sich generell vorab mit dem Thema 1. Hilfe beim Hund sowie beim Menschen zu beschäftigen, medizinische Kenntnisse können auch bei anderen Verletzungen unterwegs sehr sinnvoll oder gar überlebenswichtig sein. Wenn Sie merken, dass sich der gesundheitliche Zustand Ihres Hundes oder Ihr eigener verschlechtert, sollten Sie sofort einen Tierarzt bzw. Arzt aufsuchen oder Hilfe rufen.

Neben dem Risiko, durch einen Insektenstich akute Gesundheitsbeschwerden zu bekommen, gibt es vor allem im südlichen Europa Stechmücken, die Krankheiten übertragen können. Die bekanntesten Erkrankungen beim Hund sind die Leishmaniose und Dirofilariose (Herzwurm), beim Menschen Malaria. Informieren Sie sich vorrangig bei Reisen in Risikogebiete über eine mögliche Prophylaxe.

Zecken saugen nicht nur Blut, sie können leider auch einige Erkrankungen auf Mensch und Hund übertragen. Für Menschen sind vor allem die durch Zecken übertragenen Viren, die zur Frühsommer-Meningoenzephalitis (FSME) führen können, und übertragene Bakterien, die Borreliose verursachen können, besonders gefährlich. Die FSME-Impfung wird Personen empfohlen, die in FSME-Risikogebieten wohnen oder Urlaub machen und sich in der freien Natur aufhalten.
Bei FSME existiert keine spezifische Behandlung, in seltenen Fällen kann die Erkrankung tödlich enden. Gegen Borreliose gibt es für Menschen keine Impfung, die Krankheit lässt sich jedoch in den meisten Fällen mit Antibiotika gut behandeln.

Hunde können durch Zeckenbisse unter anderem ebenfalls an Borreliose und FSME sowie weiterhin an Anaplasmose, Ehrlichiose und Babesiose erkranken. In einer Studie der Universität Wien wurden 90 Hunde über ein Jahr beobachtet und auf den Zeckenbefall hin untersucht, bei der Hälfte der Tiere konnte während der Studienphase eine Infektion mit einer Zeckenkrankheit nachgewiesen werden. Für Hunde existiert eine Impfung gegen Borreliose.
Bei Hunden wurde festgestellt, dass über 40 % der Zecken am Kopf des Hundes stechen. Menschen werden besonders häufig an den Armen, in den Kniekehlen, am Hals und Kopf sowie im Intimbereich gestochen.
Aufgrund der Tatsache, dass durch Zecken übertragene Krankheiten sowohl bei Hunden als auch bei Menschen zu schwerwiegenden Erkrankungen bis hin zum Tod führen können, sollten Sie folgende Punkte beherzigen:

1. Informieren Sie sich bezüglich möglicher Impfungen bei Ihrem Arzt beziehungsweise Tierarzt! Menschen können gegen FSME, Hunde gegen Borreliose geimpft werden. Die Borreliose-Impfung beim Hund ist umstritten und hilft nicht gegen alle Borrelien (= Auslöser der Borreliose).
2. Wenden Sie ein geeignetes Mittel zum Zeckenschutz an! Es gibt diverse Zeckenschutzmittel für Mensch und Hund auf dem Markt. Sie sollten sich gut informieren und die Mittel gemäß Ihres Bedarfs und Risikos anpassen. Denken Sie daran, dass einige Mittel nur wenige Stunden etwas Schutz bieten und nach kurzer Zeitspanne erneut aufgetragen werden müssen.

4. Vermeiden Sie gegebenenfalls Risikogebiete!
5. Tragen Sie geschlossene, lange Kleidung und ziehen Sie Ihre Socken über die Hosenbeine. Auf heller Kleidung lassen sich die Zecken zudem besser erkennen.
6. Kontrollieren Sie sich und Ihren Hund nach Outdoor-Aktivitäten immer auf Zecken und entfernen Sie diese umgehend. Je schneller Sie die Zecke entfernen desto besser, da einige gefährliche Erreger ca. 16 bis 24 Stunden benötigen, um von der Zecke auf den Hund oder den Menschen übertragen zu werden.

Vorsicht, Jagd! Achten Sie bei Ihren Unternehmungen darauf, nicht in eine Jagd zu geraten. Vor allem, wenn Sie eine Aktivität in der Dämmerung oder Dunkelheit planen, ist besondere Vorsicht geboten. Wenn Sie sich in den frühen Morgen- oder späten Abendstunden sowie in der Nacht draußen aufhalten, kann es sinnvoll sein, gut sichtbare Kleidung zu tragen. Neonfarbene, reflektierende Sicherheitswesten für Sie und für Ihren Hund nehmen im Gepäck nicht viel Platz ein und können im Zweifelsfall dafür sorgen, dass Sie in einem Jagdgebiet nicht übersehen werden.

Zu welcher Zeit überhaupt gejagt werden darf, wird in Verordnungen der Bundesländer festgelegt. Im Internet finden Sie verschiedene Seiten, die sich mit dem Thema beschäftigen und auf denen Sie sich über die Jagd- und Schonzeiten informieren können, zum Beispiel unter **www.schonzeiten.de**.

Gesellschaftsjagden wie Treib- und Drückjagden werden häufig in regionalen Zeitungen und Amtsblättern angekündigt sowie am Tag der Jagd selbst ausgeschildert.

Outdoor-Erlebnisse bieten eine gute Gelegenheit, gemeinsam eine schöne Zeit zu verbringen!

GELÄNDESPIELE mit Hund

Gemeinsam mit dem eigenen Hund auf Spurensuche gehen, besondere Orte entdecken und Rätsel lösen: Im ersten Kapitel widmen wir uns Outdoor-Abenteuern, die zu den Geländespielen gehören. Bei diesen benötigen Sie Orientierungssinn, Neugierde, Entdeckergeist und manchmal auch den richtigen Spürsinn – oder den Ihres Hundes –, um ans Ziel zu finden. Je nach Gestaltung der Erlebnisse ist Ihr Hund als Partner gefragt und kann beispielsweise seine natürliche Fähigkeit als „Geruchsexperte" einsetzen und Sie bei einer abenteuerlichen Suche unterstützen.

Allen Geländespielen gemeinsam ist, dass es sich um Gruppenaktivitäten handelt und eine oder mehrere Personen als Organisatoren fungieren. Die Aktivitäten können zu jeder Jahreszeit im Freien veranstaltet werden und sind an keine besonderen Örtlichkeiten gebunden, wodurch man sehr flexibel bei der Gestaltung ist. Sie ermöglichen einer Gruppe von Mensch-Hund-Teams gemeinsam eine spannende Zeit zu verbringen und dabei bewusst die Umgebung zu erkunden, da bei allen Geländespielen der Orientierungssinn eingesetzt werden muss.

In diesem Kapitel werden Ihnen die Geländespiele Fotosafari, Letterboxing und Geocaching sowie Krimiwanderung mit Hund vorgestellt. Jedes dieser Erlebnisse ist mit etwas Vorbereitungsaufwand verbunden, bietet jedoch auch viele Gestaltungsmöglichkeiten und Varianten.

Bei der einen oder anderen Aufgabe ist ein feines Näschen von Vorteil!

Weitere Geländespiele, die sich auch für gemeinsame Aktivitäten mit Mensch und Hund sehr gut eignen, sind eine klassische Schnitzeljagd oder eine spannende Schatzsuche.

Bei einer Schnitzeljagd werden Hinweise ausgelegt, die am Ende zu einem Zielort oder zu einem Treffen mit einer weiteren Teilnehmergruppe führen. Bei der klassischen Variante wird der Weg von einem oder mehreren Versteckern mit Papierschnitzeln oder Sägemehl markiert, wobei auch falsche Fährten gelegt werden können. Die Verstecker laufen mit etwas Vorsprung vor, nach einer festgelegten Zeit startet die Gruppe der Sucher beziehungsweise Verfolger. Sobald die Gruppe der Verfolger die Versteckergruppe eingeholt hat, ist die Schnitzeljagd beendet. Sie können eine Schnitzeljagd hervorragend mit Mensch-Hund-Teams absolvieren. Neben dieser klassischen Version lässt sich eine Schnitzeljagd auch zur Schatzsuche umgestalten. Dabei wird ein „Schatz" versteckt, idealerweise sollte dieser für Mensch-Hund-Teams passend gestaltet sein. Die Teilnehmer finden den Schatz mit Hilfe von Hinweisen. Diese bestehen im Normalfall aus einfachen Rätseln, die gelöst werden müssen, um zum nächsten Anhaltspunkt und am Ende zum versteckten Schatz zu finden.

Bei Geländespielen werden unter anderem die Kommunikations- und Kooperationsfähigkeiten und die Teamarbeit der Teilnehmer gefördert – und dabei sind sowohl menschliche als auch tierische Teilnehmer gemeint. Die Fähigkeiten des Einzelnen müssen je nach Aktivität eingeschätzt werden, dazu gehört auch mögliche Schwächen durch gegenseitige Hilfe und Unterstützung untereinander abzubauen.

Fazit: Geländespiele sind weit mehr als ein netter Zeitvertreib! Sie bringen eine Gruppe von Mensch-Hund-Teams näher zusammen, sind abwechslungsreich und nie langweilig!

Fotosafari mit Hund

Empfohlene Teilnehmerzahl:

- Mind. 1 Organisator
- 1–8 teilnehmende Mensch-Hund-Teams
- Bei mehr Teilnehmern ist problemlos eine Einteilung in Gruppen möglich.

Vorbereitungsaufwand:

Je nach Variante und Ausgestaltung gering bis mittel

Aktivitätsdauer:

- Individuell gestaltbar
- empfohlene Länge 30–120 Minuten

Gelände:

- Überall durchführbar, sowohl in der Natur als auch in städtischen Gebieten
- Empfehlung: Das Gelände sollte etwas Abwechslung bieten.

Material/Ausrüstung:

Je nach individueller Gestaltung und gewählter Variante

- Fotos der Stationen/Zielorte
- Wasserfeste Boxen/Zipp-Beutel, je nach Anzahl der Stationen
- *Optional:* 1 Foto fähiges Handy je Gruppe (alternativ eine Digital- oder Polaroid-Kamera)
- Umgebungskarte
- Wurstwasser oder anderen Geruchsstoff zum Fährtenlegen
- Weitere Hinweise/Rätsel

Variante Fotosafari mal anders:

- Auftragsliste
- 1 Foto fähiges Handy je Gruppe oder sogar Teilnehmer (alternativ eine Digital- oder Polaroid-Kamera)
- *Optional:* Umgebungskarte

Je nach Variante und Gestaltung sind weitere Materialien nötig.

Bei einer Fotosafari geht es darum, dass die Teilnehmer mit Hilfe von Fotos, die sie an die jeweils nächste Station führen, einen Zielort finden. Bei der Variante „Fotosafari mal anders" hingegen ist es Aufgabe der Teilnehmer, bestimmte Dinge oder Orte zu finden, die sie dann fotografieren. Hierzu erhalten Sie vorab eine Auftragsliste. Neben diesen beiden Varianten lässt sich eine Fotosafari in vielen verschiedenen

Der erste Fotohinweis sollte für die Mensch-Hund-Teams nicht zu schwierig sein und daher etwas Markantes zeigen.

Versionen durchführen, die sich auch untereinander kombinieren und abwandeln lassen. Allen gemeinsam ist es, dass die Teilnehmer etwas genauer hinsehen und ihre Umwelt ganz bewusst wahrnehmen müssen. Die Teilnehmer entdecken dabei die nähere Umgebung und kommen als Gruppe gemeinsam ins Gespräch.

VORBEREITUNG

Bevor Sie loslegen überlegen Sie sich, wo die Fotosafari stattfinden soll und wie die örtlichen Gegebenheiten am Startpunkt sind. Sie entscheiden, ob die Teilnehmer mit ihren Hunden vom Startpunkt aus ausschwärmen und nach einem vorgegebenen Zeitlimit wieder dorthin zurückkehren oder ob sich die Teilnehmer am Ende der Fotosafari an einem vorgegebenen Zielpunkt einfinden sollen. Wenn die Teilnehmer sich nicht gut auskennen ist es ratsam, Umgebungskarten auszuhändigen und nach Möglichkeit Gruppen so einzuteilen, dass jemand mit Ortskenntnis oder mit GPS-fähigem Handy in jeder Gruppe ist.

Zeigt das Foto den kompletten Zielort, ist es noch relativ einfach, diesen zu finden. Verwenden Sie jedoch nur einen Ausschnitt des gezeigten Ortes, wird es für die Mensch-Hund-Teams zu einer größeren Herausforderung, ihn zu finden.

Nachdem Sie sich entschieden haben, wo Ihre Fotosafari stattfinden soll, gehen Sie den Weg beziehungsweise die Umgebung ab und fotografieren die einzelnen „Stationen". Die Teilnehmer erhalten zu Beginn der Fotosafari von Ihnen ein Foto, auf dem die erste Station abgebildet ist.

Wichtig: Die Teilnehmer müssen später in der Lage sein, am besten direkt vom Startpunkt aus, an dem sie das Foto erhalten, den auf diesem abgebildeten Ort zu sehen. Beachten Sie dabei unbedingt, dass gerade Pflanzen zu den verschiedenen Jahreszeiten ihr Aussehen stark verändern. Wenn Sie ein Foto von einem Laubbaum im Herbst gemacht haben, die Fotosafari jedoch erst im Winter stattfindet, wenn der Baum kein Laub mehr trägt, muss dies kein Hindernis sein, das Foto zu nutzen. Sie sollten nur beachten, dass sich der Schwierigkeitsgrad der Aufgabe somit maßgeblich erhöhen kann.

An dem Ort, den das Foto, welches die Teilnehmer von Ihnen am Startpunkt erhalten, zeigt, verstecken Sie das Foto, welches die darauffolgende Station zeigt und so weiter. Achten Sie also bei der Planung darauf, dass man mit guter Beobachtungsgabe und etwas Kopfarbeit durchaus darauf kommen kann, wo beziehungsweise in welcher Richtung sich die jeweils folgende Station befindet.

Am besten geeignet sind Fotos, die etwas Markantes zeigen: Zum Beispiel einen Baum, in den der Blitz eingeschlagen hat, einen besonderen Hinkelstein am Wegesrand, einen Wegweiser und so weiter. Der Zielort auf dem Foto muss eindeutig zu identifizieren sein, es sollte aber auch eine kleine Herausforderung sein, ihn zu finden.

Schwieriger wird es, wenn beispielsweise nicht der ganze Baum, sondern nur ein Ausschnitt seiner Rinde oder ein anderes Merkmal, wie ein einzigartiges Astloch oder die Baumkrone, abgebildet sind.

Nachdem Sie die Stationen Ihrer Fotosafari alle fotografiert haben, drucken Sie die Fotos aus und packen diese in wasserfeste Boxen. Als Alternative eignen sich auch Zipp-Beutel, die man wiederverwenden kann, oder Sie laminieren die Fotos. Anschließend verstecken Sie das jeweilige Foto (welches die nächste Station zeigt) an den entsprechenden Stationen. Sie konnen dabei ruhig ein schwierigeres Versteck wählen. Je platzsparender dabei Ihr Hinweis verpackt ist, desto einfacher lässt sich in der Regel ein Versteck dafür finden.

ABLAUF

Zu Beginn der Fotosafari erhalten die Teilnehmer ein Foto, auf welchem etwas aus der Umgebung abgebildet ist: Ein markanter Baum, ein Wegweiser, eine Hecke, eine Sitzbank oder ein besonderer Fels. Sie können das Foto als ausgedruckte Version verteilen oder aber auf das Handy eines oder mehrerer Teilnehmer senden.
Die Teilnehmer suchen nun gemeinsam oder alleine den auf dem Foto gezeigten Ort auf und suchen dort nach weiteren Hinweisen. Sie verstecken daher vorab am Zielort ein weiteres Foto, welches wiederum einen Ort zeigt, der von diesem Standort aus sichtbar ist oder sich leicht herausfinden lässt.
Am Ende der Fotosafari mit Hund ist es empfehlenswert, dass die Teilnehmer eine kleine Belohnung, „einen Schatz" wie ein gemeinsames Picknick oder etwas Süßes finden.

PRAXISTIPPS

Damit auch die Hunde etwas zum Schnüffeln bekommen, verteilen Sie am Versteck etwas Wurstwasser. Dies riecht attraktiv und selbst unerfahrene Schnüffelnasen werden ihre menschlichen Begleiter darauf aufmerksam machen, dass man sich die entsprechende Stelle einmal genauer ansehen sollte.
Noch schwieriger wird es, wenn Sie statt lediglich den Ort des Verstecks zu „markieren" eine kleine Spritzfährte mit Würstchenwasser von der Station aus, die auf dem Foto abgebildet war, legen. Diese muss gar nicht lang sein, für den Anfang reichen ein paar Meter für die meisten Hunde aus, wenn sie noch ungeübt sind. Am einfachsten ist es, mit Hilfe einer Sprühflasche vom Ort des Fotos aus ein paar Meter den Weg bis zu einem geeigneten Versteck zu besprühen. Am Versteck selbst versprühen Sie auch

Mit einer Sprühflasche, gefüllt mit etwas Würstchenwasser, können Sie schnell und einfach eine Fährte für die Hunde legen.

noch einmal kräftiges „Würstchenwasseraroma". Am Ort, den das vorher gefundene Foto zeigt, angekommen, fordern Sie einen Teilnehmer auf, seinen Hund zur Aufnahme der Fährte zu ermuntern. Am Ende der Fährte wartet dann ein weiteres Foto. Selbst Hunde, die noch nie vorher eine Fährte gelegt bekommen haben, können diese Aufgabe im Normalfall – gegebenenfalls mit etwas Unterstützung – problemlos meistern. Mehr zum Thema „Fährten legen" erfahren Sie im Kapitel Nasenarbeit.

Selbstverständlich können Sie alternativ zum Legen einer Fährte auch ein paar Leckerchen beim Hinweis verstecken. Sie sollten dann allerdings sicher gehen, dass keiner der teilnehmenden Hunde Allergiker ist und dass das, was Sie verstecken, für jeden der teilnehmenden Hunde gut bekömmlich ist.

Ab 8 teilnehmenden Mensch-Hund-Teams ist es empfehlenswert, mehrere Gruppen loszuschicken. Natürlich ist eine Einteilung der Teams in Gruppen auch mit weniger Teilnehmern möglich. Die Gruppen werden dann zeitversetzt losgeschickt. Sie lassen die Hinweise so zurück, wie diese aufgefunden wurden. Oder Sie bereiten unterschiedliche Fotos und somit verschiedene Stationen vor.

Beachten Sie jedoch dabei, dass es für die nachfolgenden Teams beziehungsweise Hunde wesentlich schwieriger sein wird, die Spritzfährten zu finden, wenn bereits eine andere Gruppe vorher am Fundort gewesen ist.

WEITERE VARIANTEN

Sie können die Fotosafari auch mit weiteren Aufgaben kombinieren, zum Beispiel:

- Die Teilnehmer finden nicht nur ein Foto, sondern einen weiteren Hinweis, wie Sie zu dem abgebildeten Ort gelangen. Beispiel: Die Teilnehmer finden ein Foto von einer Sitzbank, die jedoch vom Fundort aus nicht sichtbar ist. Sie schreiben dazu „Folgt dem Weg Richtung (Ortschaft / Himmelsrichtung /...) ca. X Meter". Sie geben also noch einen zusätzlichen Hinweis, wo der Ort auf dem Foto zu finden ist. Wenn Sie möchten, können Sie zusätzlich den Text durch eine Geheimschrift verschlüsseln. Hierzu erfahren Sie mehr im Anhang unter „Geheimschriften & Co.".

- In jeder „Fundbox" befindet sich ein kleines Rätsel, welches am Ende der Tour ein Lösungswort („Codewort") ergibt. **Beispiel:** Wie hieß der Hund, der zuerst ins Weltall flog? Lösungswort: Buchstabe 1. Die Antwort lautet „Laika", somit ist „L" der Buchstabe, mit dem das Lösungswort am Ende der Tour beginnt.

- Bei jedem Fotohinweis befindet sich ein „Puzzlestück", ein Ausschnitt eines Fotos, welches zum Finden der letzten Station zusammengesetzt werden muss.
- Sie erteilen allen Mensch-Hund-Teams die Aufgabe, an jedem Fundort ein Foto von mindestens einem der teilnehmenden Hunde mit dem gefundenen Fotohinweis zu machen. Jeder teilnehmende Hund soll mindestens auf einem Foto zu sehen sein.
- Die Teilnehmer erhalten gleich zu Beginn alle Fotos. Sie können die Fotos nummerieren oder um es schwieriger zu gestalten keine weiteren Hinweise geben.
  Der Vorteil dieser Variante ist: sie ist für Sie als Organisator extrem zeitsparend, da das Verstecken der Hinweise entfällt. Sie können auch diese Variante noch mit weiteren Rätseln kombinieren.

Fotosafari mal anders

Zum Kennenlernen, Teambuilding und/oder einfach als nette Abwechslung beim Spaziergang mit der Hundegruppe: Im Gegensatz zu der vorherigen Variante der Fotosafari liegt der Schwerpunkt hier darauf, dass die Teilnehmer bestimmte Orte finden und Aufgaben bewältigen müssen, die Sie jeweils mit einem Foto dokumentieren. Diese Variante ist besonders geeignet, um eine Gruppe als Team zusammenfinden zu lassen, da die Teilnehmer sich dabei besser kennenlernen. Je nachdem, mit welcher Gruppe Sie diese Variante durchführen möchten und ob diese sich bereits gut kennt oder noch nicht, wählen Sie entsprechend zu lösende Aufgaben. Und das Schöne daran: Auch, wenn Sie die Aufgaben bereits kennen, Sie selbst können aktiv teilnehmen! Der Vorbereitungsaufwand ist extrem gering, der Spaßfaktor jedoch riesengroß.

ABLAUF

Wie bei der vorherigen Variante entscheiden Sie vorab, wo sich Start und Ziel für die Fotosafari befinden sollen und somit, ob Sie sich an einem bestimmten Ort und der Umgebung aufhalten oder vom Startpunkt zum Zielpunkt laufen.

Auch bei dieser Variante der Fotoschnitzeljagd ist es möglich, dass die Teilnehmer alleine, in einer oder mehreren Gruppen die Aufgaben lösen. Die zu lösenden Aufgaben lassen sich ganz flexibel gestalten, Sie sollten bei der Planung vor allem folgende Aspekte berücksichtigen:

- die Teilnehmerzahl,
- ob die Teilnehmer alleine oder in einer oder mehreren Gruppen arbeiten sollen,
- die örtlichen Gegebenheiten,
- das geplante Zeitfenster für das Erlebnis.

Sie bereiten unter der Berücksichtigung dieser Punkte eine Liste mit Aufgaben vor, eine Kopie dieser Liste sollte jeder Teilnehmer erhalten. Ziel ist es, dass die Teilnehmer die Liste nach Möglichkeit vollständig abarbeiten und von jeder erledigten Aufgabe ein Foto machen, auf dem mindestens ein Teilnehmer beziehungsweise einer der teilnehmenden Hunde zu sehen ist. Am Ende der Tour wird ausgewertet, wie viele der gestellten Aufgaben erledigt wurden und mit einem Foto bewiesen werden können. Ein schöner Nebeneffekt: Die Teilnehmer haben am Ende der Fotosafari ein paar tolle Erinnerungsfotos.

Folgende Aufgaben könnten die Teilnehmer einer „Fotosafari mal anders" mit Hund gestellt bekommen, von jeder gestellten Aufgabe muss ein Foto gemacht werden:

- *„Sucht einen Baumstamm und lasst mindestens 1 Mensch-Hund-Team darüber balancieren."*
- *„Baut einen Slalom und führt nacheinander alle Hunde durch diesen."* Die Teilnehmer müssen selbst darauf kommen, wie sie den Slalom bauen könnten. Findet die Fotosafari im Wald statt, können die Teilnehmer diesen zum Beispiel mit Hilfe von Stöcken bauen. Steine, die auf den Boden gelegt werden, können ebenfalls als Slalomstrecke dienen oder die Mensch-Hund-Teams stellen sich selbst in einem Abstand auf und ein Mensch-Hund-Team nach dem anderen läuft im Slalom hindurch.
- *„Legt so viele teilnehmende Hunde wie möglich in eine Reihe ab."*
- *„Sucht oder baut eine Hürde, über die die Menschen und Hunde entweder springen oder klettern."*
- *„Alle Menschen halten eine Blume in der Hand."*
- *„Stellt auf einem Foto den Beruf „Hundefotograf" (oder Hundetrainer, Dogwalker und andere) dar."*
- *„Durchwatet einen Fluss."*
- *„Macht ein Foto, auf dem die Pfoten eines Hundes (oder Füße des Menschen) nicht den Boden berühren."*
- *„Sortiert die teilnehmenden Hunde farblich."*
- *„Sucht mindestens 3 Blätter von verschiedenen Baumarten."*
- *„Setzt die Hunde in der Reihenfolge ihres Alters nebeneinander ab."*
- *„Findet je Mensch-Hund-Team einen Gegenstand, der nichts in der Natur zu suchen hat und packt diesen zum Recyceln ein."* Bei dieser Aufgabe teilen Sie vorab je Teilnehmer/-gruppe einen Müllbeutel aus, in dem die gefundenen Gegenstände zur späteren Entsorgung gesammelt werden können.

- *„Tanzt gemeinsam mit Eurem Hund Limbo."* Auch hier ist wieder etwas Kreativität gefragt: Die Teilnehmer müssen einen Stock, ein Seil, ein Tuch oder Ähnliches benutzen, um dies mit 1 oder 2 Personen so festzuhalten, dass ein Mensch-Hund-Team darunter durchlaufen kann.

Sie übermitteln allen Teilnehmern die zu erledigende Liste und teilen gegebenenfalls Gruppen ein. Denken Sie daran, bei dieser Variante können Sie selbst ebenfalls aktiv teilnehmen.

Setzen Sie ein Zeitlimit und vereinbaren einen Treffpunkt mit allen Teilnehmern. Die Liste muss in keiner vorgegebenen Reihenfolge erledigt werden, den Teilnehmern sollte freigestellt sein, was Sie zuerst erledigen. Sie sollten außerdem darauf hinweisen, dass sich die Teilnehmer bei den Aufgaben absprechen sollen, sodass jeder das mit seinem Hund machen kann, womit er sich auch wohlfühlt und was dem jeweiligen Teilnehmer und Hund entspricht.

Am Ende der Fotoschnitzeljagd wird ausgewertet, wie viele der gestellten Aufgaben die Teilnehmer lösen konnten. Es geht um den Spaßfaktor und nicht um den Wettbewerb.

PRAXISTIPPS

- Geben Sie den Teilnehmern ein Zeitlimit zur Erledigung der Aufgaben vor.
- Sie können Aufgaben, bei denen ein bestimmter Ort oder Gegenstand gefunden werden muss, mit solchen, bei denen die Teilnehmer aktiv etwas zusammen machen müssen, nach Lust und Laune kombinieren. Die Aufgaben müssen nicht alle aktiv den Hund mit einbinden.
- Besonders umweltfreundlich ist es, wenn Sie die Liste der zu erledigenden Aufgaben auf die Handys der Teilnehmer schicken und nicht ausdrucken.

Letterboxing mit Hund

Teilnehmerzahl:
Ab 1 Mensch-Hund-Team

Vorbereitungsaufwand:
- Vorhandene Letterbox suchen: Gering
- Eigene Letterbox verstecken (und suchen lassen): Je nach Aufwand und Gestaltung des Verstecks/der Beschreibung gering bis hoch

Aktivitätsdauer:
- LETTERBOX SUCHEN: Je nach Schwierigkeitsgrad unterschiedliche Aktivitätsdauer, mehr Informationen dazu finden Sie bei der Beschreibung der jeweiligen Letterbox.
- LETTERBOX VERSTECKEN: Siehe Vorbereitungsaufwand

Gelände:
Überall durchführbar, sowohl in der Natur als auch in städtischen Gebieten

Material/Ausrüstung:
- Wegbeschreibung zur Letterbox (= Clue)
- Stift
- Stempelkissen
- (persönlicher) Stempel
- Logbuch (Notizbuch)

Optional:

- Landkarte
- Kompass
- Wasserfester Behälter zum Verstecken (falls Sie selbst eine Letterbox verstecken möchten)

Letterbox-Katalog aus Dartmoor, wo diese schöne Beschäftigung ihren Anfang nahm. Letterboxing (abgeleitet von Letterbox (Englisch) = Briefkasten) ist ein Vorläufer des heute wesentlich bekannteren Geocachings. Es ist ein altes englisches Suchspiel, bei welchem die Teilnehmer Karten lesen und sich mit einem Kompass im Gelände orientieren müssen, um zu den „Letterboxen" zu finden. Wie auch beim Geocaching müssen zum Teil Rätsel gelöst werden, um zum Versteck der Letterbox zu finden. Orientierungslauf, das Lösen von Rätseln und eine Schatzsuche werden auf diese Art und Weise miteinander verbunden.

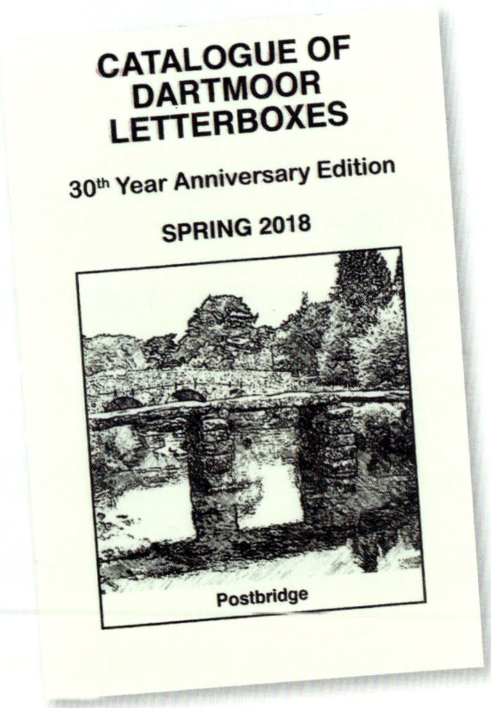

Stempel und Abzeichen des Letterboxclubs Dartmoor für Letterboxer, die bereits 100 Letterboxen gefunden haben.

In der Letterbox befindet sich ein Logbuch, in welches sich die Finder mit ihrem (persönlichen) Stempel eintragen können, sowie ein Stempel, um das eigene Logbuch abzustempeln. Ähnlich ist es beim Geocaching, wo im sogenannten „Cache" ebenfalls ein Logbuch liegt. Die Hinweise zu den Letterboxen werden unter anderem im Internet veröffentlicht, hierzu gibt es verschiedene Seiten. Sie können sich auf die Suche einer bereits vorhandenen Letterbox machen oder aber Ihre eigene Letterbox verstecken – hierzu benötigen Sie lediglich einen wasserfesten Behälter, ein Notizbuch, einen Stempel und ein Stempelkissen.

WOHER KOMMT DAS LETTERBOXING?

Bereits 1854 wurde die erste „Letterbox“ durch den Wanderführer James Perrott aus Chargford, eine englische Gemeinde am nordöstlichen Rand von Dartmoor, versteckt. Perrott errichtete einen kleinen Steinhaufen, in dessen Mitte er ein Glas stellte. Die Finder dieses Ortes konnten in dem Glas ihre Visitenkarte hinterlassen. Zu der Bezeichnung „Letterbox“ kam es, weil Wanderer Briefe oder Postkarten in den nachfolgenden Verstecken platzierten, die wiederum von anschließenden Wanderern mitgenommen und auf dem Postweg verschickt wurden. Die Glasflasche wurde wenig später durch eine Blechdose ersetzt, die mit einem Logbuch ausgestattet wurde, in welches sich die Finder eintragen konnten. Die Letterbox besteht bis heute und gilt auf der ganzen Welt als Inspiration für das Geocaching.

Übrigens gibt es beim Letterboxing Club Dartmoor sogar einen „The 100 club“ für Hunde: Hunde, die mit ihren Haltern mehr als 100 Letterboxen besucht haben, können Mitglied werden und erhalten eine Hundemarke, die am Halsband befestigt werden kann.
In Deutschland wurde die erste Letterbox 2002 bei Bad Dürkheim versteckt. Mittlerweile sind es über 1.000 Letterboxen, von denen sich ca. die Hälfte in der Pfalz befinden.

SIE MÖCHTEN EINE BEREITS VORHANDENE LETTERBOX SUCHEN – DER ABLAUF

Wenn Sie eine Letterbox in Deutschland suchen möchten, besuchen Sie die Internetseite von Letterboxing-Germany (Adresse weiter unten). Dort finden Sie nach Bundesländern sortiert Wegbeschreibungen zu verschiedenen Letterboxen. Sie suchen sich einfach eine Wegbeschreibung am Ort Ihrer Wahl aus, laden diese herunter und können mit der Suche starten. Mit auf Ihre Suche nehmen Sie auf jeden Fall neben der Wegbeschreibung auch einen Stift, ein Stempelkissen, Ihren (persönlichen) Stempel und Ihr Logbuch. Bei manchen Letterboxen benötigen Sie noch weitere Ausrüstung, zum Beispiel einen Kompass oder eine Landkarte. Was Sie benötigen,

Manchmal muss man schon ganz genau hinschauen, um ein Versteck zu entdecken.

um die Letterbox finden zu können, wird im Normalfall in der Wegbeschreibung erläutert.

Die Letterbox finden Sie mit Hilfe der Wegbeschreibung. Sie müssen verschiedene Rätsel lösen, um zum Ziel zu finden. Achten Sie vor allem darauf, dass Sie sich die Wegbeschreibung genau durchlesen. Gerade die Details sind häufig ausschlaggebend. Sie können so Umwege vermeiden. Je nach Letterbox kann die Suche sich sehr anspruchsvoll gestalten.

Wenn Sie eine Letterbox gefunden haben, stempeln Sie Ihr eigenes Logbuch mit dem Stempel aus der Letterbox ab und hinterlassen Ihren persönlichen Stempel im Logbuch der Letterbox.

Bitte entfernen Sie nichts aus der Box und legen Sie auch nichts in diese hinein. Die einzige Ausnahme hiervon ist, wenn Sie einen „Hitchhiker" finden (mehr dazu unter „Weitere Varianten").

Sie können Ihren Fund nach der erfolgreichen Suche auch im Forum von Letterboxing-Germany eintragen. Im Forum finden Sie übrigens auch Wegbeschreibungen zu Letterboxen in Luxemburg, Österreich und weiteren Ländern. Darüber hinaus gibt es Internetseiten zum Thema Letterboxing im Ausland, auf denen weitere Wegbeschreibungen zu finden sind.

WEITERE VARIANTEN

Wenn Sie auf die Suche nach einer Letterbox gehen, kann es sein, dass Sie auf einen sogenannten „Hitchhiker" (= Tramper) treffen. Hierbei handelt es sich um so etwas Ähnliches wie eine kleine Letterbox auf Reisen, die aus einem Stempel und einem Logbuch besteht und in der Regel in einem Plastikbeutel von Letterbox zu Letterbox reist. Finden Sie einen Hitchhiker und planen in der nächsten Zeit, eine weitere Letterbox aufzusuchen, gehen Sie wie folgt vor:

1. Sie stempeln das Logbuch des Hitchhikers mit dem Stempel der besuchten Box und mit Ihrem persönlichen Stempel.
2. Der Stempel des Hitchhikers wird im Logbuch der Letterbox sowie in Ihrem eigenen Logbuch platziert.
3. Wichtig ist, dass Sie den Hitchhiker nicht behalten, sondern in der nächsten Letterbox, die Sie besuchen, hinterlassen. Falls Sie in der nächsten Zeit also keine weitere Letterbox besuchen möchten, lassen Sie den Hitchhiker einfach am ursprünglichen Fundort.

SIE MÖCHTEN EINE NEUE LETTERBOX VERSTECKEN – DER ABLAUF

Sie bereiten zunächst eine oder mehrere neue Letterboxen vor: In jedes wasserdichte Behältnis kommen ein Notizbuch, ein Stempel und ein Stempelkissen. Sie können sich aussuchen, was für einen Stempel Sie in die Box legen: Entweder, Sie lassen sich einen individuellen Stempel erstellen, zum Beispiel mit einem bestimmten Symbol und Text, oder Sie kaufen irgendeinen Stempel, der Ihnen gut gefällt. Individuelle Stempel können Sie beispielsweise online in zahlreichen Shops für Geocacher bestellen.
Eine einfache und nicht so aufwendige Variante, eine Wegbeschreibung zu erstellen, besteht darin, mit der Landkarte eine Strecke abzulaufen, auf der Sie die Letterboxen verstecken. Jedes Versteck markieren Sie auf der Landkarte, alternativ können Sie

auch die jeweiligen Planquadrate notieren. Ein Planquadrat ist eine quadratische Fläche. In topographischen Karten wird die quadratische Fläche eines Planquadrates durch jeweils zwei senkrechte und waagerechte Gitterlinien des Gitternetzes begrenzt. Dieses Gitternetz beziehungsweise Raster wird seitlich mit Zahlen und Buchstaben markiert, wodurch jedes Planquadrat eine bestimmte Zahlen-Buchstaben-Kombination hat.

Sie erstellen eine Liste von allen Planquadraten beziehungsweise fertigen Kopien der Landkarte mit den Markierungen. Zusätzlich können Sie den jeweiligen Verstecken noch weitere Infos hinzufügen, zum Beispiel ein Foto oder eine Beschreibung des Verstecks.

Nun können Sie einen oder mehrere Teilnehmer beziehungsweise eine oder mehrere Gruppen losschicken, die jeweils eine Kopie der Liste oder der Karte und den dazugehörigen Hinweisen erhalten. Verabreden Sie einen Treffpunkt, wo sich alle wieder treffen, wenn sie im Idealfall ihr Logbuch mit einem Stempel aus jeder der versteckten Letterboxen versehen haben. Sie können Ihre Letterbox auch auf einer entsprechenden Internetseite (siehe Links) eintragen, so dass Sie von weiteren Personen gefunden werden kann.

PRAXISTIPPS

Bevor Sie Ihre Letterbox verstecken, überlegen Sie, für wen die Tour interessant sein könnte. Für Hundehalter suchen Sie eine schöne Route aus, auf der die Hunde beispielsweise auch frei laufen können, keine Straße in der Nähe ist oder eventuell eine Badestelle vorgefunden wird. Passen Sie auch den Schwierigkeitsgrad an Ihre Zielgruppe an. Wenn Sie die Letterboxing-Tour für eine eigene Gruppe durchführen, können Sie die Komplexität der Rätsel noch besser an den Teilnehmern ausrichten, da Sie diese bereits einschätzen können. Wenn Sie zusätzliche Hinweise und Rätsel einbauen möchten, könnten Sie diese zum Beispiel extra passend zum Thema Hund gestalten. Um Ideen zu sammeln, wie Sie die Beschreibung einer Letterbox gestalten können, ist es hilfreich, sich einige bereits vorhandene Beschreibungen durchzulesen.

Sich gemeinsam auf die Suche machen und Ausschau nach dem Ziel halten, ist eine schöne gemeinsame Beschäftigung für Mensch und Hund.

Bitte erwähnen Sie in der Wegbeschreibung auch mögliche Gefahren, wie zum Beispiel eine stark befahrene Straße in der Nähe, und wie die Teilnehmer zum Startpunkt anreisen können. Ein Hinweis auf eine Parkmöglichkeit kann dabei ebenfalls hilfreich sein.

Wenn Sie sich Rätsel ausdenken und dabei beispielsweise Hinweise wie Wegmarkierungen einbinden, achten Sie darauf, dass diese auch permanent oder zumindest für den Zeitraum Ihrer eigenen Letterbox-Suche mit der Gruppe bestehen bleiben.
Vielleicht haben Sie die Möglichkeit, einen Bekannten zu bitten, Ihre versteckte Letterbox zu suchen. Dann können Sie ein Feedback bekommen, also die Wegbeschreibung zur Letterbox, im Bedarfsfall anpassen, bevor Sie sie im Internet veröffentlichen oder an Ihre Teilnehmer weitergeben.

LINKS

- Letterboxing Deutschland, alle Informationen rund ums Letterboxing und die Möglichkeit, eigene Letterboxen einzutragen und gefundene Letterboxen zu kommentieren: http://www.letterboxing-germany.info/
- Schöne Internetseite zum Letterboxing: https://www.givemefive-letterboxing.de
- Dartmoor Letterboxes Club, Letterboxing in Dartmoor (England), Informationen über die Geschichte des Letterboxing und vieles mehr (Englisch): https://letterboxingondartmoor.co.uk
- Internationale Letterbox-Seite: http://www.atlasquest.com
- Amerikanische Letterbox-Seite: http://www.letterboxing.org

Geocaching mit Hund

Teilnehmerzahl:
Ab 1 Mensch-Hund-Team

Vorbereitungsaufwand:

- SUCHE:
  Gering bis hoch
  Abhängig vom Cache, der gesucht wird: Manche Caches sind sehr einfach zu finden, für andere wiederum müssen Sie vorab unter Umständen etwas recherchieren und vorbereiten, bevor Sie sich auf die Suche machen können.
- EIGENEN CACHE LEGEN:
  Gering bis hoch
  Von der Gestaltung und dem Schwierigkeitsgrad des Caches abhängig

Aktivitätsdauer:
Je nach Cacheart/Wegstrecke/Schwierigkeit des Caches

Gelände:
Überall durchführbar

Material/Ausrüstung:

- GPS-Gerät oder GPS-fähiges Handy mit entsprechender App
- Cachebeschreibung
- Stift oder Stempel
- Notizbuch
- Weitere Ausrüstung je nach Cache und Bedarf z.B. Tauschgegenstand, Landkarte, Taschenrechner, Taschenlampe, Pinzette, Taschenmesser

Geocaching (aus dem griechischen „geo“ = Erde und dem englischen „to cache“ = verstecken abgeleitet) wird in Deutschland

manchmal auch GPS-Schnitzeljagd genannt. Es kombiniert eine Art Schatzsuche oder Schnitzeljagd mit Technik (GPS) im Freien. Ziel beim Geocaching ist es, in einem Gebiet ein Versteck, den sogenannten Geocache oder kurz Cache, zu finden.
Ein Geocache besteht in der Regel aus einem wasserfesten Behältnis, in welchem sich wie beim Letterboxing ein Logbuch befindet, in welches sich der Besucher eintragen kann. Außerdem sind oft kleine Tauschgegenstände in einem Cache enthalten.
Geocaching können Sie nahezu überall durchführen, da sich unzählige „Caches", also „Schätze" finden lassen.

URSPRÜNGE DES GEOCACHINGS

Das Geocaching geht auf das im vorherigen Kapitel beschriebene Letterboxing zurück. Am 2. Mai 2000 wurde die Genauigkeit des GPS-Signals für nichtmilitärische Zwecke von 100 auf 10 Meter erhöht – bis dahin hatte es eine künstliche Verschlechterung des Signals gegeben. Bereits einen Tag später vergrub Dave Ulmer in der Nähe von Portland, Oregon, USA, einen Plastikeimer, den er mit CDs, einer Dollarnote, einer Konservendose mit Bohnen und weiteren Dingen bestückte. Anschließend veröffentlichte er die Koordinaten mit der Überschrift „The Great American GPS Stash Hunt" im Internet in einer Newsgroup. Er forderte die Leser auf, ebenfalls Behälter mit einem Logbuch und Tauschgegenständen zu verstecken und formulierte als Regel „The only rule for stashes is: Get some Stuff, Leave some Stuff!!" („Die einzige Regel für Geheimverstecke ist: Nimm Zeug heraus, hinterlasse Zeug!")
Bereits einen Tag später gab es den ersten Finder des damals noch „Stash" (Geheimversteck) genannten Verstecks. Ende Mai 2000 wurde in der Gruppe im Internet erstmals „Geocaching" als Bezeichnung vorgeschlagen. Im September des gleichen Jahres erstellte ein Mitglied der Gruppe die Seite geocaching.com, auf die alle bisherigen Eintragungen übernommen wurden. In Deutschland wurde der erste Geocache im Oktober 2000 in Brandenburg versteckt.
Insgesamt existieren auf dieser Internetseite heute über 3 Millionen aktiver Geocaches in mehr als 190 verschiedenen Ländern. Es existiert auch ein Geocache außerhalb der Erde: Auf der internationalen Raumstation (ISS).

Sie können sich auch mit Ihrem Smartphone auf die Suche nach einem Cache machen.

ABLAUF

Zunächst einmal benötigen Sie entweder ein GPS-Gerät (Global Positioning System) oder ein GPS-fähiges Handy mit einer entsprechenden App. Mit Hilfe des GPS können Sie durch Satelliten-Signale Ihre genaue Position bestimmen. Bis vor einigen Jahren wurde von Geocachern überwiegend ein GPS-Gerät genutzt. Die Technik hat sich jedoch so rasant weiterentwickelt, dass Sie mit einem Smartphone ebenfalls sehr gut einsteigen können. Viele Profis ziehen jedoch auch noch heute ein GPS-Gerät dem Smartphone vor. Der Vorteil bei einem GPS-Gerät ist die genauere Positionsbestimmung im Vergleich zu vielen Smartphones und die längere Akkulaufzeit.
Starten Sie Ihre Geocachingtour mit Hund mit Ihrem Smartphone, laden Sie sich also zunächst eine entsprechende App herunter. Eine kostenfreie Version sowohl für Android als auch iOS bietet die App „Geocaching“ von Groundspeak. Bei dieser App gibt es auch eine Premiumversion. Sie ist in der kostenpflichtigen Premiummitgliedschaft bei geocaching.com enthalten und bietet zahlreiche weitere Funktionen. Für Android gehört die App „c:geo“ mittlerweile auch zu den Geocaching-Klassikern, sie ist kostenlos und Sie können sich unter anderem die Geocaches in Ihrer Nähe anzeigen lassen. So oder so müssen Sie sich aber einen Geocachernamen ausdenken und sich mit diesem auf der Internetseite und in der App anmelden.

Besuchen Sie Geocache-Datenbanken im Internet beziehungsweise als App auf Ihrem Handy, auf der Geocaches veröffentlicht werden. Die größte und auch bekannteste Datenbank ist Geocaching.com, es existieren jedoch auch weitere Datenbanken wie beispielsweise navicache.com oder opencaching.de. Suchen Sie sich einen Cache aus, den Sie aufspüren möchten. Für den Anfang ist ein einfacher Cache, zum Beispiel ein traditioneller Cache, der mindestens die Größe Small hat, empfehlenswert. Lesen Sie sich zunächst aufmerksam die Beschreibung des Caches durch. Vergessen Sie auch nicht, die eingetragenen Logs, das heißt die Einträge der Finder des jeweiligen Caches, zu lesen. Dabei erhalten Sie wichtige Hinweise, welche Sie bei der Suche unterstützen können. Bei manchen Caches benötigen Sie außerdem besondere Ausrüstung, dies wird in der Beschreibung meistens erwähnt.

Machen Sie sich mit Ihrem GPS-Gerät oder der App auf dem Smartphone etwas vertraut. Nachdem Sie wissen, wo der Cache in etwa liegt und wie Sie dort hinkommen können, beschaffen Sie sich – wenn benötigt - weitere Informationen, die Sie zum Lösen eventueller Rätsel und dem Herausfinden der Koordinaten, so diese nicht angegeben sind, brauchen. Sie packen alle Informationen und Materialien, die Sie zum Finden des Geocaches benötigen, ein und begeben sich auf eine spannende Suche!

Da die Geocaches häufig auch abseits des Weges versteckt sind und Sie wahrscheinlich bei der Suche in einem Gebiet unterwegs sind, welches Sie nicht kennen, bietet es sich an, im Zweifelsfall die eigene Route mittels Handy oder GPS-Gerät aufzuzeichnen. So finden Sie auf jeden Fall wieder sicher zurück zum Ausgangspunkt Ihrer Suche. Die letzten 10-30 Meter rund um den Cache sind meist am schwierigsten, um den Cache zu finden. Dazu kommt, dass es meist sehr viele Versteckmöglichkeiten gibt. Daher ist es sinnvoll, sich in den „Owner" des Caches, also denjenigen, der diesen versteckt hat, hineinzuversetzen und nach geeigneten Verstecken Ausschau zu halten. Wenn Sie wissen, welche Größe der Cache hat, kann dies auch eine gute Hilfestellung sein.

Übrigens: Das Vergraben von Geocaches ist aus Rücksicht auf die Natur seitens geocaching.com untersagt, stattdessen werden bereits vorhandene natürliche oder künstliche Hohlräume wie Astlöcher, Felsspalten oder Mauerritzen als Verstecke genutzt.

Sobald Sie den Cache gefunden haben, achten Sie zuerst einmal darauf, dass Sie bei der Entdeckung des Caches nicht beobachtet werden. Der genaue Fundort des Caches soll schließlich geheim bleiben und somit unter anderem vor Vandalismus geschützt werden. Geocacher nennen Außenstehende, die keine Geocacher sind, Muggel. Der Begriff „Muggel" ist aus den Büchern von J. K. Rowling über Harry Potter entnommen, in denen Menschen ohne magische Fähigkeiten so bezeichnet werden.
Nachdem Sie einen Cache entdeckt und sich ins Logbuch eingetragen haben, können Sie noch einen Gegenstand tauschen, wenn die Behältergröße des Caches dies zulässt. Dabei achten Sie darauf, dass Sie einen möglichst gleichwertigen Tauschgegenstand auswählen. Anschließend verschließen Sie den Cache wieder und legen ihn exakt an die Stelle zurück, wo Sie ihn gefunden haben. Im Internet können Sie in der entsprechenden Geocache-Datenbank Ihren Fund vermerken (= loggen) und wenn Sie möchten Fotos und Kommentare, zum Beispiel zum Zustand des Caches, ergänzen. Das hilft dem „Owner" (= Eigentümer des Caches, der diesen angelegt und versteckt hat) zu verfolgen, ob der Cache noch vollständig und aktiv ist. Es kann nämlich vorkommen, dass der Cache abhandenkommt. Doch nicht zu viel in den Kommentaren zum Versteck verraten (spoilern), denn die Nachfolgenden wollen auch noch ihren Spaß haben.

Sie werden eine Vielzahl an unterschiedlichen Varianten finden und immer wieder überrascht sein, wie ein Geocache aussehen kann.

UNTERSCHIEDE BEI DEN CACHES

Die Geocaches lassen sich hinsichtlich ihrer Größe, des Geländes, in dem sie versteckt sind, dem Schwierigkeitsgrad und der jeweiligen Cache-Art unterscheiden.

Größe:

- **Nano**: < 1 cm groß, oft magnetisch
- Micro oder Mini: < als 100 Milliliter Stauraum, zum Beispiel eine Filmdose
- **Small**: < 1 Liter, zum Beispiel Kunststoffdosen
- **Regular**: > 1 Liter < 20 Liter, ca. Schuhkartongröße
- **Large**: Mindestens 20 Liter oder größer, z.B. Farbeimer, Koffer, Tonne
- **Other**: Nicht in Volumen messbar, zum Beispiel ein Magnetstreifen oder in der Beschreibung näher ausgeführte Besonderheit, oft auch eine Überraschung für den Finder, mit der er so nicht gerechnet hat.
- **Unknown**: Nicht angegeben

Gelände (Terrain):
Stufe 1 bis 5, wobei es bei Stufe 1 ebene, kurze Wege sind, bei Stufe 5 hingegen schon weitere Ausrüstungsgegenstände benötigt werden, um zum Ziel zu gelangen. Caches mit der Stufe 5 im Terrain sind für das Geocaching mit Hund in den meisten Fällen nicht empfehlenswert oder generell nicht lösbar. In diese Stufe fallen beispielsweise Tauch- oder Klettercaches, zu denen man Ausrüstung braucht, oder Höhlen, in die man sich abseilen muss.

Schwierigkeitsgrad (Difficulty):
Stufe 1 bis Stufe 5, für Anfänger sind die Stufen 1 und 2 empfehlenswert.

Cachetypen:
Die wichtigsten Cachetypen sind

- **Traditioneller Cache** (Traditional oder Tradi): Die direkte Position des Caches ist angegeben.
- **Multi-Cache**: Mehrteilige Caches, bei denen man mehrere Orte (Stationen) aufsuchen muss, um zum eigentlichen Cache zu finden.
- **Rätsel-Cache** (Mystery-Cache): Meist muss hier vor Beginn der Geocachingtour bereits etwas recherchiert und ein Rätsel gelöst werden, um an die Startkoordinaten zu gelangen.
- **Trackabels:** Die Trackabels sind – wie beim Letterboxing die Hitchhiker – Gegenstände, die von Geocache zu Geocache transportiert werden. In der Regel haben sie ein bestimmtes Ziel, zum Beispiel ein bestimmtes Zielland. Travelbugs waren die ersten Trackabels, häufig trifft man sie in einer ähnlichen Form wie eine Hundemarke. Andere Varianten sind kleine Teddys oder Püppchen und Geocoins oder Medaillen in unterschiedlichen Ausführungen und Größen.

PRAXISTIPPS

Wie bei allen anderen Outdoor-Aktivitäten mit und ohne Hund sollten Sie darauf achten, beim Geocaching mit der Natur pfleglich umzugehen. Beachten Sie auch Privateigentum und betreten Sie keine fremden Grundstücke. Des Weiteren sind in den unterschiedlichen Bundesländern und Ländern gesetzliche Vorschriften zu beachten, informieren Sie sich vorher hierzu.
Falls Sie sich unsicher sind, alleine auf Tour zu gehen: Es gibt auch viele Anbieter, die Geocachingtouren und -workshops anbieten. Bei diversen Veranstaltungen ist es möglich, mit Hund dabei zu sein. Nachfragen lohnt sich somit. Außerdem gibt es allerortens mehr oder weniger regelmäßige Geocachertreffen, sogenannte Events, wo jeder Interessierte gern gesehen ist.
Vertrauen Sie bei Ihrer Suche nicht nur auf Ihr GPS-Gerät oder Handy. Selbstverständlich ist dieses hilfreich, Sie dürfen jedoch nicht annehmen, dass das Gerät Sie genau bis zum Cache führt. Falls Sie den Cache auch nach einiger Suche nicht finden, kontrollieren Sie einfach nochmal, wann dieser zuletzt geloggt worden ist.
Manchmal kommt es leider vor, dass ein Cache verschwindet. Wenn er jedoch erst vor kurzem geloggt worden ist, besteht eine größere Wahrscheinlichkeit, dass er noch vorhanden ist.

WEITERE VARIANTEN

Neben dem klassischen Geocaching gibt es weitere Formen, bei welchen die teilnehmenden Hunde aktiver mit eingebunden werden. Für die meisten Hunde ist jedoch das Erlebnis, mit ihrem Menschen gemeinsam auf Entdeckertour zu gehen, bereits ein tolles Abenteuer. Sie benötigen daher nicht unbedingt eine „Spezialvariante".

Geocaches lassen sich überall finden:
Zum Beispiel im Innenraum einer großen Tourismus-Informationstafel.

Statt des üblichen Spazierwegs werden beim Geocaching neue Wege ausprobiert, was auch für unsere Hunde eine prima Erfahrung ist. Viele Hunde suchen auch beim klassischen Geocaching mit nach dem versteckten Cache. Nicht selten kommt es vor, dass mit Hilfe des Hundes der eine oder andere Cache gefunden werden kann. Schließlich merken die Hunde ganz genau, wenn wir anfangen zu suchen und uns über einen gefundenen Geocache freuen. So wird der Hund fast von ganz alleine dazu motiviert, sich an Ihrer Suche zu beteiligen.

Wenn Sie Ihren Hund dennoch gerne aktiver einbinden möchten, stehen Ihnen dazu verschiedene Möglichkeiten zur Verfügung, um das Geocaching mit Hund zum Beispiel mit einer Gruppe von Mensch-Hund-Teams durchzuführen.
Eine Variante ist es, die teilnehmenden Hunde auf einen bestimmten Geruch zu konditionieren. Ein Geruchsstoff kann beispielsweise ein bestimmtes Ölgemisch, Kokosseife, Lavendel oder Kamillentee sein. Der Hund soll dabei lernen, dass es sinnvoll ist, Ihnen diese Geruchsquelle anzuzeigen, er wird dafür mit einem Leckerchen (oder mit einem gemeinsamen Spiel) belohnt. Anschließend verstecken Sie „Caches", also Dosen, die den Geruchsstoff enthalten. Achten Sie dabei darauf, dass der Geruch sich auch etwas verteilen und dem Behältnis entweichen kann. Notieren Sie die Koordinaten des Verstecks und geben Sie diese an die teilnehmenden Mensch-Hund-Teams weiter. Diese müssen dann zunächst den Ort, in dessen Umkreis der Geocache versteckt ist, aufsuchen und anschließend Ihre Hunde zum Suchen animieren.
Tipp: Wenn Sie sich selbst gerne auf die Suche machen möchten, lassen Sie sich Ihren Geruchsstoff von jemand anderem verstecken und die Koordinaten mitteilen. Um den Hunden (und Menschen) ein Erfolgserlebnis zu bieten, kann es sinnvoll sein, eine größere Anzahl Caches mit dem Geruchsstoff zu verstecken. So bieten sich mehrere Chancen, einen Cache mit Unterstützung der Hundenase zu entdecken.
Im Grunde handelt es sich bei dieser Variante um eine Mischung aus Geocaching, da der Mensch Koordinaten ausgehändigt bekommt, und klassischer Spürhundearbeit, da der Hund zuvor darauf trainiert wird, einen bestimmten Geruch anzuzeigen.
Der Nachteil bei dieser Variante ist, dass Sie immer organisieren müssen, dass die Geocaches mit dem Geruchsstoff für den Hund versteckt werden. Einfacher ist somit die klassische Variante des Geocaching in Begleitung des Hundes zu machen – Spaß und Auslastung für den Vierbeiner sind hierbei ebenfalls garantiert!

LINKS

- Auf diesen Internetseiten werden Beschreibungen von Caches veröffentlicht und Sie können Ihren Fund eintragen (= loggen). Darüber hinaus gibt es noch zahlreiche weitere Seiten, unter anderem auch regionale Webseiten, die eigene Geocaches auflisten:
  www.geocaching.com
  Umfangreichste Datenbank weltweit und vollständigste Liste aktiver Caches in Deutschland. Kostenloses Basismitgliedschaft. Premium = kostenpflichtig, aber günstig.
  www.opencaching.de
  www.navicache.com
- Informationsplattform der deutschen Geocaching-Gemeinde :
  www.geocaching.de
  Hier finden Sie viele nützliche Informationen, wenn Sie mit dem Geocaching beginnen möchten.

BÜCHER

- **Markus Gründel:** *Geocaching* (Outdoor Handbuch Band 203), Conrad Stein Verlag, 2018
- **Ramona Jakob:** *Abenteuer Geocaching: Die moderne Schatzsuche für Einsteiger,* moses Verlag, 2012
- **Udo Rosowski, Frank Trepte:** *Geocaching – Die Welt in der Dose,* literates-Verlag, 2014

LETTERBOXING UND GEOCACHING MIT HUND – VIELSEITIGE OUTDOOR-ABENTEUER

Sowohl Letterboxing als auch Geocaching mit Hund sind dafür geeignet, ganz neue Wege oder sogar Regionen zu erkunden. Häufig bewegt man sich dabei fernab der Hauptwanderwege, wodurch man die Natur – und damit auch das eine oder andere Wildtier – zu Gesicht bekommt. Daher ist ein achtsamer Umgang mit der Umwelt besonders wichtig, der eigene Hund sollte im Zweifelsfall auch lieber einmal mehr angeleint werden, so dass die Wildtiere nicht verschreckt werden. Ganz nebenbei lernt man bei beiden Aktivitäten auch einiges über die Natur, zum Beispiel wenn es in der Beschreibung heißt, dass man eine bestimmte Baum- oder Pflanzenart suchen muss.

Auch weitere Fähigkeiten, wie das Lesen einer Karte, das Navigieren mit einem Kompass oder das Lösen der ein oder anderen mathematischen Herausforderung, können bei den beiden Freizeitaktivitäten trainiert werden.

Manche der Touren können außerdem schnell zur sportlichen Herausforderung werden und über 20 km lang sein.

Beim Geocaching gibt es auch Caches, zu denen man sich abseilen oder klettern muss. Ist man gemeinsam mit dem Hund unterwegs sollte man sich also unbedingt vorab erkundigen, was für eine Letterbox beziehungsweise einen Cache man sucht und überprüfen, ob man selbst und der Vierbeiner der Herausforderung gewachsen ist.

Krimiwanderungen mit Hund

Teilnehmerzahl:

- Mind. 1 kreativer Organisator
- Ab 1 Mensch-Hund-Team
- Empfohlene Gruppengröße: 1–2 Organisatoren und 4–8 Mensch-Hund-Teams

Vorbereitungsaufwand:

Mittel – hoch

Wie viel Zeit die Vorbereitung in Anspruch nimmt hängt davon ab, wie viele „Ermittlungsstationen“ einplant werden und welche Aufgaben für die teilnehmenden Mensch-Hund-Teams vorbereitet werden müssen. Bei einer kleinen Krimiwanderung mit ca. 5-8 Stationen sollten mindestens 1–2 Stunden Vorbereitungszeit zuzüglich dem Ablaufen der gewählten Strecke eingeplant werden.

Um einen Kriminalfall aufzuklären ist eine Ermittlerausrüstung sehr hilfreich.

Aktivitätsdauer:

- Im Idealfall sollten 2–3 Stunden eingeplant werden
- Bitte beachten Sie die Kondition von Mensch und Hund bei der Auswahl der Strecke!

Gelände:

Eine Krimiwanderung lässt sich nahezu überall durchführen. Ausgenommen sind lediglich Orte, die für Mensch und Hund zu viele Gefahren bergen.

Material/Ausrüstung:

- Vorbereitete Hinweise, die vor der Tour versteckt werden müssen (am besten in einem Zipp-Gefrierbeutel)
- Wurstwasser für Spritzfährten (am besten in einer Sprühflasche)
- Detektivausrüstung, sofern die Teilnehmer zum Lösen des Kriminalfalls/der Hinweise weitere Gegenstände benötigen, zum Beispiel
  - Lupe
  - Pinzette
  - Faden
  - Zipp-Gefrierbeutel (zum Sichern der Hinweise)
  - Plastikhandschuhe (um eigene Fingerabdrücke zu vermeiden)
  - Taschenlampe
  - Clicker & Leckerchen
  - Stift & Notizblock

Optional:

- Detektivausweise
- Weitere Materialien für die Erstellung und/oder das Lösen der Hinweise.

Nicht nur für Fans von den Drei Fragezeichen, Fünf Freunden & Co.: Krimiwanderungen mit Hund eignen sich besonders zur Durchführung mit einer Gruppe, zum Beispiel als besondere Gestaltung eines Spaziergangs mit einer Gruppe von Hundefreunden, als besonderes Event am Geburtstag, als Geschenk für Hundefreunde oder einfach nur, um in einer Gruppe jede Menge Spaß und kniffelige Herausforderungen zu erleben.
Im Mittelpunkt dieses Erlebnisses steht die Lösung eines spannenden Kriminalfalls, eines Detektiv-Abenteuers – selbstverständlich mit Hilfe der Hunde. Darüber hinaus können nach Belieben „Ermittlungsprüfungen" für Mensch und Hund durchgeführt werden, die weitere Herausforderungen an die Teilnehmer stellen.

Die Mensch-Hund-Teams bewältigen zusammen verschiedene Aufgaben, die am Ende zur Lösung eines Rätsels oder eines Kriminalfalls führen. Man könnte auch sagen, dass eine Krimiwanderung eine Mischung aus einer kleinen Wanderung, einer Schnitzeljagd und verschiedenen Rätseln und Aufgaben ist. Um die Vorbereitungszeit gering zu halten und dennoch eine spannende, lustige Variante einer Krimiwanderung zu entwickeln, erfahren Sie in diesem Kapitel, wie Sie eine vom Zeitaufwand vereinfachte Version eines Krimiabenteuers anfertigen.

ABLAUF

Die Organisatoren, die später die Ermittlungsleiter, Hauptkommissare oder Meisterdetektive darstellen und die Gruppe leiten werden, bereiten den „Kriminalfall" inklusive aller Hinweise und zu bewältigenden

Hinweise können auf ganz unterschiedliche Art und Weise gestaltet werden. Am einfachsten ist zum Beispiel eine Wegkarte oder eine Textbeschreibung des Weges.

Aufgaben vor. Selbstverständlich bewahren Sie über die Inhalte Stillschweigen, sodass die Teilnehmer der Krimiwanderung überrascht werden.

Als Organisator müssen von Ihnen vorab folgende Aufgaben in der nachfolgenden Reihenfolge erledigt werden:

Planung der

1. Strecke
2. Geschichte, des „Kriminalfalls": Hier ist wichtig, was ist passiert und wie wird der Fall aufgeklärt.
3. Hinweise und deren Lösung
4. Zusatzaufgaben für die „Nachwuchsermittler" (nur nach Bedarf)

DIE STRECKE

Zunächst einmal suchen Sie sich eine geeignete Strecke aus, die Sie für die Durchführung Ihrer Krimiwanderung nutzen möchten. Idealerweise handelt es sich dabei um eine Rundweg. Da die Mensch-Hund-Teams später neben dem Ablaufen der Strecke die Hinweise erst einmal finden und gegebenenfalls entschlüsseln sowie – je nach Ihrer Planung – weitere Zusatzaufgaben lösen müssen, sollten Sie keine allzu lange Strecke einplanen. Je nach Beschaffenheit der Strecke und der Distanz zwischen den einzelnen „Stationen", also den Orten, an denen Sie die Hinweise verstecken, sollten Sie für eine 2–3 stündige Krimiwanderung ungefähr 4–5 Kilometer einplanen. Je nachdem, mit was für einer Gruppe Sie die Wanderung durchführen möchten, können Sie selbstverständlich die Länge individuell gestalten, zum Beispiel die Strecke verkürzen, wenn einige ältere, vielleicht nicht mehr so fitte Hunde mit dabei sein werden. Auch auf die Jahreszeit sollten Sie bei der Auswahl der Strecke achten. Im Sommer bietet es sich natürlich an, sich an wärmeren Tagen in den Wald zurückzuziehen oder an einem See oder Fluss vorbeizukommen. Im Herbst sollten Sie unbedingt darauf achten, dass die Wege auch nach Regen gut passierbar und nicht zu rutschig sind. Informieren Sie sich über Jagdzeiten, vor allem über Termine von Treib- und Drückjagden, die im Herbst und Winter stattfinden.

Außerdem ist es ratsam, eine Strecke auszuwählen, bei der es die eine oder andere Kreuzung oder Abzweigung gibt und Sie nicht einem ausgeschilderten Weg folgen. So müssen sich die Mensch-Hund-Teams etwas mehr anstrengen, um den Hinweisen und damit dem Weg zu folgen, um die Lösung des Kriminalfalls zu finden.

DER KRIMINALFALL

Für eine gute Geschichte ist es hilfreich, sich folgende Fragen zu stellen:

- Was ist passiert?
- Wer ist der Täter?
- Was ist sein Motiv?
- Wie kann der Kriminalfall aufgeklärt werden?

Warum die Teilnehmer Spuren finden, sollte im Idealfall auch logisch sein – irgendwer muss diese schließlich gelegt haben. Selbstverständlich geht es hier nicht darum, einen lückenlosen Kriminalfall zu entwickeln, schließlich steht der Spaß im Vordergrund. Den teilnehmenden Mensch-Hund-Teams ist schließlich klar, dass es sich um keinen echten Kriminalfall handelt.

HIER EIN BEISPIEL:

Sie berichten den Teilnehmern, dass der Hundeklub „Glücklicher Bello" jedes Jahr eine weit über die Grenzen des Landkreises bekannte Hunderallye veranstaltet. Am Ende der Hunderallye bekommt das Mensch-Hund-Team, welches am erfolgreichsten abgeschnitten hat, eine einzigartige Medaille verliehen.

Nun sind die Organisatoren in heller Aufregung, da die Hunderallye kurz bevorsteht und die Medaille auf unerklärliche Art und Weise aus dem Klubhaus verschwunden ist. Sie können die Geschichte auch noch ein bisschen ausschmücken. Aufgabe der Mensch-Hund-Teams soll es nun sein, die verschwundene Medaille zu finden. Der erste Hinweis könnte sein, dass die Vorsitzende des Klubs einen seltsamen Brief bei sich vor der Haustür oder im Klubhaus

gefunden hat. Da sie vermutet, dass es sich um einen Hinweis auf den Täter handeln könnte, hat sie diesen nun an Ihre Ermittlungseinheit weitergeleitet.
Ein solcher Hinweis könnte beispielsweise ein Stück Wegkarte oder eine einfache Wegbeschreibung sein, die/der zum nächsten Hinweis führt. Die Auftraggeber sind in diesem Beispiel also selbstverstandlich die Verantwortlichen aus dem Hundeklub.

DIE HINWEISE

Die Teilnehmer finden durch die Hinweise die Wegstrecke und können am Ende der Krimiwanderung mit diesen den Kriminalfall aufklären. Es ist empfehlenswert, alle Hinweise zu laminieren oder in einen Zipp-Gefrierbeutel zu packen, sodass diese gegen Feuchtigkeit und vor allzu großen Verschmutzungen geschützt sind. Je nachdem, wie die Krimiwanderung ausgestaltet werden soll, gibt es verschiedene Möglichkeiten, die Hinweise zu arrangieren. Im Idealfall variieren Sie die verschiedenen Möglichkeiten ein bisschen, so wird es für die Teilnehmer spannender. Ihrer Kreativitat sind dabei keine Grenzen gesetzt.

Die Hinweise für Wegbeschreibungen können Sie zum Beispiel wie folgt gestalten:

- **Richtungspfeile:** Mit Kreide aufzeichnen oder mit Hilfe von Zweigen, Steinen, Blättern, Matsch, Kohle, Mehl legen
- **Dinge, die nicht dorthin gehören, auf der Wegstrecke platzieren, so dass diese den Weg weisen:** Natürliche Materialien sind zu bevorzugen. Sie könnten zum Beispiel Zapfen, Äste oder Steine anhäufen, wo die Strecke weitergeht. Dies ist weniger auffällig und die Teilnehmer müssen wesentlich genauer hinschauen, um den Wegverlauf zu finden. Außerdem müssen die natürlichen Materialien nicht wahrend oder nach der Krimiwanderung eingesammelt werden.
- **Wegbeschreibungen:** Sie können den Weg, der von Hinweis zu Hinweis gegangen werden muss, niederschreiben. Um die Krimiwanderung schwieriger zu gestalten, können Sie diese schriftlichen Wegbeschreibungen zusätzlich noch verschlüsseln. Sie können zum Beispiel den Text rückwärtsschreiben, in Spiegelschrift, einen Lückentext darstellen oder ein Rätsel nutzen, nach dessen Lösung die Teilnehmer den richtigen Weg herausfinden. Im Anhang finden Sie unter Geheimschriften & Co. ein paar Beispiele.

In unserem Beispielfall könnte es auch um einen verschwundenen Pokal, verschwundenes Bargeld oder Ähnliches gehen. Ihrer Kreativität sind keine Grenzen gesetzt.

- **Wegkarten:** Sie können Ausschnitte von Landkarten nutzen oder aus dem Internet ausdrucken, zum Beispiel mit Hilfe von GoogleMaps. Auf den Wegkarten können Sie entweder den Wegverlauf oder nur den Zielort markieren. Sie können die Wegkarten auch vor dem Ausdrucken noch etwas verfremden, indem Sie beispielsweise einen speziellen Effekt eines Bildbearbeitungsprogramms nutzen.
- **Spritzfährten für die Hunde:** Um die Hunde mehr mit einzubeziehen, können Sie Spritzfährten für die Hunde legen. Die einfachste Variante ist, mit Würstchenwasser in einer Sprühflasche eine Fährte zu erstellen. Entweder Sie legen von dem Ort aus, zu dem der letzte Hinweis die Teilnehmer geführt hat, eine Fährte, die von einem Hund erschnüffelt werden darf und zum nächsten Hinweis führt, oder Sie legen eine Spritzfährte von Hinweis zu Hinweis. Dabei sollte die Fährte jedoch nicht zu lang sein. Auch Hunde, die vorher noch nie von ihrem Menschen aufgefordert wurden, einer Fährte zu folgen, können diese Aufgabe gut lösen, wenn sie dabei von ihrem Menschen etwas unterstützt und motiviert werden.

Am besten fordern Sie das Mensch-Hund-Team, welches diese Aufgabe lösen soll, am Anfang der Fährte auf, hier die Suche zu beginnen. Dabei soll der Mensch selbst mitsuchen, er kann mit seiner Hand beispielsweise den

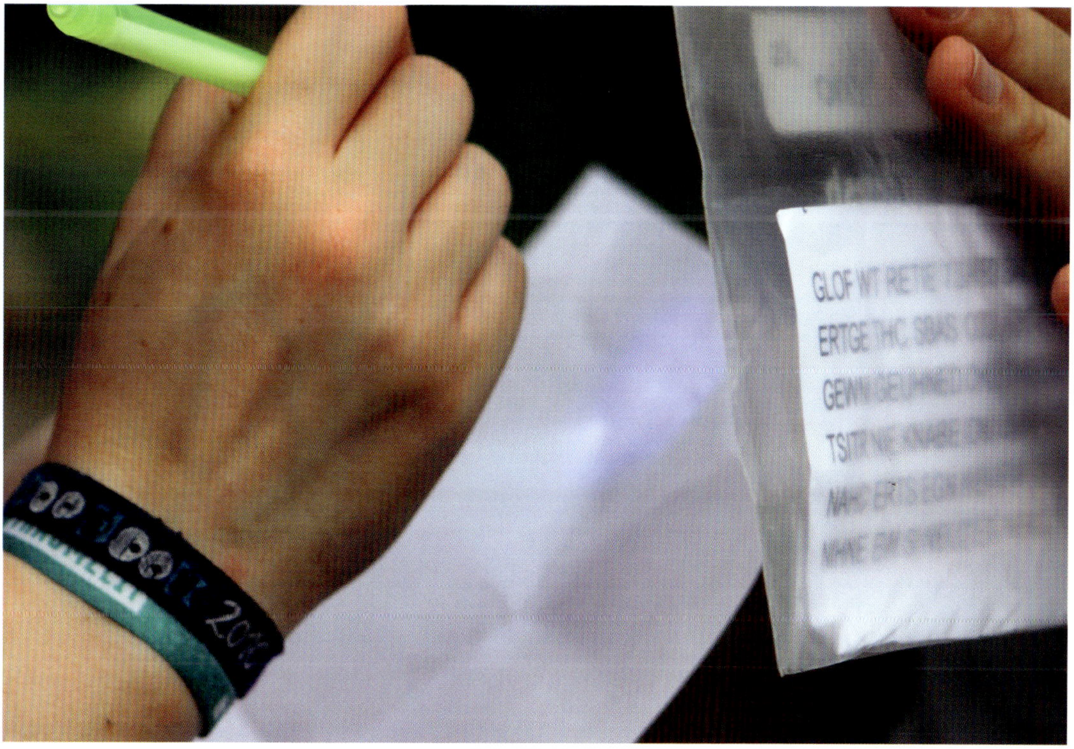

Nachrichten in Geheimschrift oder mit Geheimtinte geschrieben, müssen erst einmal entschlüsselt werden.

Boden berühren und seinen Hund motivieren, zu schnüffeln. Als Faustregel gilt: Je mehr Würstchenwasser Sie verteilt haben, desto einfacher wird es für die Teams. Selbstverständlich spielen bei der Fährtenarbeit auch noch weitere Faktoren wie beispielsweise die Witterung eine wichtige Rolle. Sie sollten die Spritzfährte am besten erst 1–2 Stunden vor Beginn der Krimiwanderung auslegen.

Am Ende der Krimiwanderung haben Sie in unserem Beispielfall unter anderem die Möglichkeit, dass die Mensch-Hund-Teams an der letzten Station ein Bekennerschreiben des Täters und die verschwundene Medaille finden. Wählen Sie diese Variante, könnte in dem Bekennerschreiben zum Beispiel stehen, dass einer der Teilnehmer, der bereits in den vergangenen Jahren mit seinem Hund an der Klub-Rallye teilgenommen und diese nie gewonnen hat, sich dieses Mal die Medaille sichern wollte. Aufgrund seines schlechten Gewissens wollte er nun die Medaille wieder zurückgeben. Um Zeit zu gewinnen und seine Spuren richtig zu verwischen, legte er diese Hinweise.

ZUSATZAUFGABEN FÜR DIE NACHWUCHSDETEKTIVE

Sie können bei der Krimiwanderung die Teilnehmer nicht nur mit der Lösung des Kriminalfalls betrauen, sondern ihnen auch noch verschiedene Zusatzaufgaben stellen. Bei diesen Aufgaben können die Mensch-Hund-Teams ihre Eignung als Nachwuchsdetektive unter Beweis stellen. Hier können

Sie auf Aufgaben, die Sie vielleicht bereits aus dem Hundetraining und der Beschäftigung Ihres Hundes kennen, zurückgreifen. Gut geeignet sind unterhaltsame und kurzweilige kleine Herausforderungen, die die Mensch-Hund-Teams auch realistisch bewältigen können. Aufgaben könnten zum Beispiel sein:

- Der Mensch muss etwas in der Hand oder auf dem Kopf balancieren und dabei den Hund an der Leine führen, ohne dass ihm der Gegenstand herunterfällt.
- Der Hund (und eventuell auch der Mensch) muss über einen Baumstamm balancieren.
- Mensch und Hund sollen unter Beweis stellen, dass sie sich unauffällig verhalten können und sich lautlos schleichend fortbewegen.
- Jegliche Tricks, Grundkommandos wie Sitz, Platz, Bleib oder aber auch besondere Fähigkeiten wie Mantrailing und Ähnliches können mit eingeplant werden.

Sie als Organisator haben dabei die Aufgabe, alle Übungen zu moderieren. Besonders großes Krimi-Feeling kommt dabei auf, wenn nicht nur die Aufgaben erläutert werden, sondern der Organisator auch dazu erzählt, warum die Nachwuchsdetektive diese durchführen sollen. Es sollte erklärt werden, welches „kriminalistische Geschick" die Mensch-Hund-Teams mit der Aufgabe beweisen.

Ganz allgemein kann der Organisator darauf hinweisen, dass ein Nachwuchsdetektiv mit Hund verschiedene Fähigkeiten mitbringen muss, die er, der Organisator, durch diverse Aufgaben testen möchte. Ein Detektiv mit Hund sollte somit mit seinem Hund als Team zusammenarbeiten können, sich im Bedarfsfall möglichst lautlos verhalten oder über Körpersprache mit ihm kommunizieren können und vieles mehr – je nach gestellter Aufgabe.

Wenn Sie erst einmal angefangen haben, sich ein paar Zusatzaufgaben zu überlegen, werden Ihnen schnell weitere einfallen. Sie können sich ruhig ein paar mehr Aufgaben ausdenken, wie Sie wahrscheinlich bei der Krimiwanderung benötigen werden. Sie haben dann die Möglichkeit, flexibel je nach vorhandener Zeit, Stimmung der Teilnehmer und örtlichen Gegebenheiten zu entscheiden, ob, wann, wie viele und welche Zusatzaufgaben Sie stellen möchten.

KRIMIWANDERUNG STARTEN!

Wenn Sie am Tag der Krimiwanderung alle Hinweise an den entsprechenden Stellen platziert und die Teilnehmer mit ihren Hunden in Empfang genommen haben können Sie gegebenenfalls Detektivausweise verteilen und die Ermittlerausrüstung vorstellen. Selbst, wenn die Teilnehmer zum Lösen des Falles keine besondere Ausrüstung benötigen, ist es sinnvoll, ein paar Ausrüstungsgegenstände an die Teilnehmer zu verteilen, um alle in die richtige Stimmung zum Lösen des Krimiabenteuers zu versetzen.

Anschließend stellen Sie Ihre Krimigeschichte vor und die Mensch-Hund-Teams erhalten den Ermittlungsauftrag. Sie händigen den Teilnehmern außerdem den ersten Hinweis aus. Sie sollen selbst darauf

kommen, wie sie zum nächsten Hinweis gelangen. Achten Sie darauf, dass Sie sich als Organisator auf der Krimiwanderung zurückhalten und so wenig wie möglich eingreifen, wenn die Teilnehmer die Hinweise suchen.

Am Ende der Krimiwanderung finden die Teilnehmer den letzten Hinweis, der zur Lösung des Kriminalfalls führt. Sie können das Ganze natürlich auch damit verbinden, dass die Mitspieler nicht nur den letzten Hinweis, sondern beispielsweise auch ein nettes Picknick vorfinden. Das kommt ganz darauf an, wie Sie die Krimiwanderung planen.

PRAXISTIPPS

Im Idealfall achten Sie darauf, dass alle Teilnehmer etwas zur Lösung des Falls beitragen können und mit einbezogen werden. Aus Erfahrung ist es meistens so, dass am Ende einer Krimiwanderung alle einmal „Spuren" gefolgt sind und sich eingebracht haben. Manche Mensch-Hund-Teams brauchen etwas Zeit, um ins Spiel zu kommen. Dies trifft vor allem dann zu, wenn sich die Teilnehmer vorab nicht kennen.

Sollten Sie feststellen, dass sich manche Mensch-Hund-Teams besonders hervortun und andere es dadurch schwerer haben,

sich zu beteiligen, können Sie als Organisator den Weg zur Lösung des Kriminalfalls etwas mehr moderieren. Sobald Sie an dem Ort angekommen sind, an den die Spurensuche die Gruppe geführt hat und an dem sich ein weiterer Hinweis befindet, lassen Sie die Gruppe anhalten. Sie entscheiden, welches Mensch-Hund-Team sich zuerst auf die Suche nach einem Beweisstück machen soll, und wählen ein Team aus, das noch nicht die Möglichkeit hatte, einen Hinweis zu finden.
Sollten Sie Hinweise verstecken, bedenken Sie dabei, die Verstecke nicht zu schwierig zu gestalten. Schöne Versteckmöglichkeiten bieten sich unter anderem in Mauerritzen, Astlöchern, Laub- oder Steinhaufen oder zwischen Büschen.

WEITERE VARIANTEN

Zusätzlich zu der Wegbeschreibung der Krimiwanderung, welche die Teilnehmer finden, können Sie die Teilnehmer auch noch weitere Hinweise zur Lösung des Kriminalfalls finden lassen.
Für unser oben genanntes Beispiel „Die verschwundene Medaille" könnten Sie beispielsweise an jeder „Station" einen Teil eines Schriftstücks finden lassen, das am Ende wie ein Puzzle zusammengesetzt werden kann.

Eine andere Variante ist, dass die Teilnehmer bei jeder Station einen Hinweis finden, der am Ende zum Täter führt. Solche Hinweise können zum Beispiel beim oben beschriebenen Fall sein:

Denken Sie daran, die Hinweise nicht zu schwierig zu verstecken. Selbst auf den ersten Blick einfache Verstecke können für Mensch-Hund-Teams, die nicht genau wissen, wo sie suchen sollen, zu einer großen Herausforderung werden.

- Es gibt keine Einbruchsspuren. Der oder die Täter müssen also freien Zugang gehabt haben.
- Ein hinterlassener Fingerabdruck/ein verlorener Gegenstand, der auf den Täter hinweist.
- Eine lückenhafte Beschreibung des Täters.

Bei dieser zweiten Variante sollte darauf geachtet werden, dass die Teilnehmer auch auf den Täter kommen können. Das Ganze sollte also nicht zu abstrakt sein. Sie könnten bei dieser Variante in die Kriminalgeschichte beispielsweise mehrere Tatverdächtige mit einfließen lassen und beschreiben. Durch das Finden der Hinweise zum Täter können die Mensch-Hund-Teams am Ende durch ein Ausschlussverfahren herausfinden, wer der Schuldige ist.

LINKS

- UNDERGROUND – Der Junior-Detektiv-Klub http://www.detektiv-klub.de/

BÜCHER

- **Mrs. X alias Corinna Harder:** *Geheime Botschaften - Codes & Chiffren, Detektiv-Wissen No. 3*, ASS Altenburger Spielkarten, 2010
- Zur Inspiration: **Ulf Blank:** *Die drei ??? Kids, Detektivhandbuch: Die besten Tricks von Justus, Peter und Bob*, Franckh Kosmos Verlag, 2016
- Für detailreiche und realistische Krimigeschichten: **Manfred Büttner, Christine Lehmann:** *Von Arsen bis Zielfahndung: Das aktuelle Handbuch für Krimiautorinnen und Neugierige*, Argument Verlag mit Ariadne, 2018

Bei Outdoor-Abenteuern ist stets Orientierungssinn gefragt.

WANDER-ABENTEUER mit Hund

Wandern ist abwechslungsreich, überall möglich und gehört zu den beliebtesten Outdoor-Aktivitäten von Hundehaltern. In Deutschland können fast 40 Millionen Menschen ab 16 Jahren zu den aktiven Wanderern gezählt werden, die jährlich ungefähr 3,6 Mrd. Kilometer im In- und Ausland zurücklegen. Kein Wunder, dass diese Freizeitbeschäftigung so beliebt ist: Wandern macht glücklich, dies wurde bereits in verschiedenen Studien belegt.

„Wandertauglich" ist nahezu jeder Hund, der gesund und bereits ausgewachsen ist. Welche Kondition Ihr Hund benötigt, hängt selbstverständlich von dem ausgewählten Wander-Erlebnis ab. Sie können Ihre Touren individuell Ihren und den Bedürfnissen Ihres Hundes anpassen.

Eine kleine Flucht aus dem Alltag – mit einem der in diesem Kapitel beschriebenen Wander-Abenteuern – kein Problem!

In diesem Kapitel geht es um verschiedene Wander-Abenteuer vor Ihrer Haustür, außerdem um die Themen Nachtwanderung und Dogtrekking.

Darüber hinaus gibt es noch weitere Möglichkeiten, spannende und abwechslungsreiche Erlebnisse beim Wandern mit Hund zu erfahren. In jeder Region finden sich die unterschiedlichsten Wanderwege, ob Rundwander-, Fernwander- oder Themenwanderwege.

13 Wander-Abenteuer vor Ihrer Haustür

Teilnehmerzahl:
Ab 1 Mensch-Hund-Team

Vorbereitungsaufwand:
In der Regel gering, bei manchen Wander-Abenteuern aufgrund eines höheren Planungs- und Vorbereitungsaufwands auch mittel bis hoch

Aktivitätsdauer:
Individuell planbar

Gelände:
Überall durchführbar

Material/Ausrüstung:
Was Sie an Ausrüstung benötigen, hängt von verschiedenen Faktoren, wie der Dauer der Wanderung, der Wegbeschaffenheit und der Jahreszeit ab. Orientieren Sie sich am Kapitel zum Thema „Ausrüstung für Abenteuer", Seite 16.

Traumhafte Wanderrouten liegen direkt vor der Haustür. Neben den klassischen ausgeschilderten Wegen, gibt es noch viele weitere Outdoor-Abenteuer-Strecken, die entdeckt werden können!

Um ein Outdoor-Abenteuer mit Hund zu erfahren, muss man nicht weit fahren. Das Wanderparadies liegt unmittelbar vor Ihrer Haustür und Sie können die Natur hautnah erleben und aktiv genießen. Wandern ist vielseitig und hat verschiedene Vorzüge.

Es gibt viele gute Gründe zu wandern. Ein Grund ist, die eigene Gesundheit (und die des Hundes) zu fördern: Sie bewegen sich gemeinsam an der frischen Luft, hierbei wird unter anderem das Herz-Kreislauf-System gestärkt und Sie verbessern Ihre Ausdauer. Wenn Sie regelmäßig wandern, stärkt dies das Immunsystem und führt sogar zu einer Vergrößerung des Atemzugvolumens und der Lungenvitalkapazität, wodurch Sie eine tiefere und regelmäßigere Atmung und verbesserte Durchblutung der Lunge erreichen.

Um einen Ausgleich zu unserem oft sehr stressigen, Reiz überfluteten Alltag zu finden, ist Wandern ideal. Die eigene Achtsamkeit kann geübt werden, Sie konzentrieren sich ganz auf den Weg - und sind plötzlich im Hier und Jetzt angekommen.

Positive Effekte hat das Wandern auch auf die Stimmungslage und den Abbau von Stress.

Neben einer Vielzahl an gut ausgeschilderten und ausgebauten Wanderwegen lassen sich auch kleine Abenteuer fernab der klassischen Wanderrouten finden, um diese wird es hier gehen. Sie bekommen Inspiration für Ihr persönliches Outdoor-Wander-Abenteuer mit Hund und können Ihre kleine Auszeit vom Alltag direkt starten.

1.
Gehen Sie doch einmal von zu Hause aus zu Fuß mit Ihrem Hund bis zu guten Freunden, Verwandten oder einem anderen schönen Ort, zu dem Sie ansonsten mit dem Auto fahren. Wie umsetzbar diese Idee ist, hängt natürlich von der Entfernung des Zielortes ab. Sie können ansonsten auch gleich ein mehrtägiges Wander-Abenteuer mit einer oder mehreren Übernachtungen daraus gestalten. Bei dieser Tour haben Sie die Gelegenheit, bereits bekannte Wege zu verlassen und neue Pfade einzuschlagen. In unserer täglichen Routine geht häufig der Blick für unsere schöne Umgebung verloren. Gerade bei einer Wanderung in nächster Umgebung können Sie ganz bewusst die Gegend genießen. Und Sie tun gleichzeitig etwas aktiv für den Umweltschutz, indem Sie per Pedes auf ökologische Art und Weise unterwegs sind.

2.
Wandern Sie von Ihrem Wohnort aus mit Ihrem Hund einfach spontan dorthin, wo es Sie oder aber auch zur Abwechslung mal Ihren Hund hinzieht. Entweder, Sie lassen sich eine gewisse Zeit einfach treiben, wählen Ihren Weg spontan aus und treten dann den Rückweg auf demselben Weg an oder Sie fahren mit einem öffentlichen Verkehrsmittel nach Hause. Sofern Sie die gleiche Route für den Weg nach Hause nutzen möchten, bietet es sich an, den Weg mit Hilfe eines GPS-Gerätes oder einem GPS-fähigen Handy inklusive einer entsprechenden App (zum Beispiel Komoot oder Outdooractive) aufzuzeichnen.

3.
Folgen Sie einfach einem Fluss oder einer Eisenbahnstrecke in Ihrer Region. Entlang vieler Flüsse befinden sich traumhafte

Wege. Besonders schön ist es, bis zur Quelle eines Flusses zu gehen oder von der Quelle aus, dem Fluss zu folgen.
Stillgelegte Bahntrassen sind heute vielerorts zu Wander- oder Fahrradwegen umfunktioniert und bieten ebenfalls eine tolle Möglichkeit, ein kleines oder großes Wander-Abenteuer zu erleben. Der Vorteil: Sie können sich nicht verlaufen, da Sie durch einen Fluss, eine Bahnstrecke oder Ähnlichem immer die Orientierung behalten.

4.

Besteigen Sie gemeinsam mit Ihrem Hund den höchsten Berg Ihrer Region oder Ihres Bundeslandes. Je nachdem, in welchem Bundesland Sie leben, stellt dieses Wandererlebnis eine sehr große Herausforderung dar, zum Beispiel, wenn Sie in Bayern wohnen. Sie müssen aber auch nicht unbedingt den höchsten Berg auswählen: Achten Sie darauf, dass eine Besteigung mit Hund möglich ist. Sie müssen gegebenenfalls sowohl Ihre eigene Kondition als auch die Ihres Hundes für solch eine Tour aufbauen. Beginnen Sie Ihr Wander-Abenteuer einfach mit dem zweit- oder dritthöchsten Berg oder starten Sie nicht von der Talsohle aus, sondern bereits etwas höher am Berg. Die höchsten Gipfel in den 16 Bundesländern sind:

- **Baden-Württemberg: Feldberg** *(1.493 m)*
  Der Feldbergsteig, ein Premiumwanderweg, ist für eine Wanderung mit Hund absolut empfehlenswert und ca. 12 km lang. Er überquert und umrundet das Feldbergmassiv. Die Feldbergbahn hat ihre Bergstation auf 1.450 m Höhe, auch Hunde dürfen hier mitfahren (kostenpflichtig). So haben Sie auch die Möglichkeit, den Hin- oder Rückweg bequem in einer der 8er Gondeln anzutreten.
- **Bayern: Zugspitze** *(2.962 m)*
  Deutschlands höchster Berg ist für eine Besteigung mit Hund bedingt zu empfehlen, da es je nach gewählter Route Klettersteige mit Trittbügeln und schmale Eisenstifte gibt, die passiert werden müssen. Mit einem sehr trittsicheren Hund ist eine Besteigung jedoch möglich, wählen Sie die Touren 1 oder 2. Hunde dürfen in der Zahnradbahn, die auf die Zugspitze fährt, mitgenommen werden (kostenpflichtig).
- **Berlin: Arkenberge** *(120,7 m)*
  Der künstlich entstandene Deponieberg ist für den Publikumsverkehr geschlossen, soll aber zugänglich gemacht werden. Somit ist eine Besteigung aktuell noch nicht offiziell möglich, Sie können jedoch den mit 120,1 Metern fast genauso hohen Teufelsberg besteigen. Auch der Teufelsberg ist künstlich angelegt, es handelt sich um einen Trümmerberg. Für eine Wanderung auf den Gipfel müssen Sie 5,5 km hinter sich bringen und ca. 1 Stunde einplanen.
- **Brandenburg: Kutschenberg** *(201 m)*
  Der Kutschenberg liegt in den Kmehlener Bergen in Brandenburg und lässt sich in ca. einer Dreiviertelstunde

besteigen. Die Wegstrecke ist nur 2,3 km, daher eignet sich die Strecke auch ideal für Wanderanfänger oder mit jungen oder körperlich eingeschränkten Hunden.

- **Bremen: Friedehorstpark** *(32,5 m)*
Der Friedhorstpark wird auch Lehnhorstpark genannt und ist eine ca. 9 Hektar große Parkanlage in Burglesum, einem Bremer Stadtteil. Im Park befindet sich die höchste Erhebung Bremens.
- **Hamburg: Hasselbrack** *(116 m)*
Der Hasselbrack befindet sich südlich an der Grenze von Hamburg zu Niedersachsen in den sogenannten Schwarzen Bergen im Naturschutzgebiet Fischbeker Heide. In dem ansonsten sehr gut ausgeschilderten Wandergebiet werden Sie keine Beschilderung bis zum Hasselbrack finden, obwohl sich dort seit 2013 auch ein Markierungsstein aus Granit befindet. Außerdem gibt es sogar ein Gipfelbuch, in welches sich die Besucher eintragen können. Grund für die fehlende Beschilderung ist folgender: Rund um den Hasselbrack brüten seltene Vögel, die nicht durch ein erhöhtes Wanderaufkommen gestört werden sollen. Westlich des Hasselbracks verlaufen der Europäische Fernwanderweg E1 und der Heidschnuckenweg, zum Hasselbrack selbst führt nur ein schmaler Pfad. Sollten Sie den Hasselbrack besteigen wollen, sollten Sie ein GPS mitnehmen und Ihren Hund zum Schutz der Vögel unbedingt an der Leine lassen.
- **Hessen: Wasserkuppe** *(950 m)*
Die Wasserkuppe liegt im Naturpark Hessische Rhön im Landkreis Fulda. Man kann fast bis zum Gipfel mit dem Auto fahren, selbstverständlich ist der Fußweg um ein Vielfaches schöner. Sie können je nach Ihren persönlichen Bedürfnissen die Länge der Tour gestalten. Empfehlenswerte Wandertouren für eine Gipfelbesteigung mit Hund sind der Wasserkuppe-Rundweg Nr. 4 (Länge 7,7 km; Startpunkte Parkplatz Fuldaquelle und Parkplätze Wasserkuppe) oder Sie parken am ebenfalls sehenswerten Guckaisee und beginnen von dort aus die Wanderung (Länge ca. 8.3 km).
- **Mecklenburg-Vorpommern: Helpter Berge** *(179 m)*
Sie können Ihre Wanderung zum Beispiel am Mühlenmuseum auf dem Mühlenberg in Woldegk starten, wo es auch Parkmöglichkeiten gibt (Länge ca. 7 km). Auf dem Gipfel angekommen, finden Sie ein Gipfelkreuz und ein Gipfelbuch.
- **Niedersachsen: Wurmberg** *(971 m)*
Der Wurmberg liegt im Naturschutzgebiet Harz. Die Wurmberg-Gipfeltour startet am Parkplatz der Wurmbergseilbahn (Hunde sind in den Gondeln kostenpflichtig erlaubt) und ist 12,5 km lang. Eine kürzere Variante ist der Einstieg in die Wanderung vom Parkplatz Hexenritt (Länge 5,2 km) aus.
- **Nordrhein-Westfalen: Langenberg** *(843 m)*
Der Langenberg ist der höchste Berg im Rothaargebirge und in NRW. Der von alten Grenzsteinen gesäumte Langenbergrundweg startet in der Ortsmitte Bruchhausen und ist 14,7 km lang.
- **Rheinland-Pfalz: Erbeskopf** *(816 m)*
Um den Gipfel zu besteigen und das Gebiet rund um den Erbeskopf zu erkunden, sollten Sie unbedingt die Nationalpark-Traumschleife Gipfelrauschen (Länge 7,5 km) wählen.

Die durchschreitbare Gipfelskulptur „Windklang 816 M“ auf dem Erbeskopf – ein atemberaubender Aussichtspunkt.

Besuchen Sie unbedingt das Aussichtsplateau der Skulptur „Windklang 816 M", sowie den Holzaussichtsturm des Gipfels.

- **Saarland: Dollberg** *(695 m)*
  Die Nationalpark-Traumschleife Dollbergschleife bietet einige Highlights und ist 11,2 km lang. Sie erklimmen bei dieser Route nicht nur den höchsten Berg des kleinsten Bundeslandes, sondern kommen vorbei am Züscher Hammer, dem größten Eisenhüttenwerk im 17. Jahrhundert, und dem Keltischen Ringwall Otzenhausen.
- **Sachsen: Fichtelberg** *(1.214 m)*
  Im Erzgebirge liegt der Fichtelberg, auf dem sich auch ein bedeutendes Wintersportzentrum befindet. Starten können Sie Ihren Aufstieg beispielsweise im Kurort Oberwiesenthal, von wo aus der Anstieg ca. sieben Stunden dauert (8,8 km). Für den Rückweg können Sie auch die Fichtelberg-Schwebebahn nutzen, Hunde sind erlaubt und werden sogar kostenlos befördert.
- **Sachsen-Anhalt: Brocken** *(1.141 m)*
  Wenn Sie kein geübter Wanderer sind, starten Sie am besten in Torfhaus (Goetheweg von Torfhaus, 8,9 km) oder Schierke (Eckerlochstieg von Schierke, 6 km). Haben Sie und Ihr Hund hingegen bereits mehr Kondition, können Sie beispielsweise von Ilsenburg (Heinrich Heine-Weg, 10 km) aus starten.
  Sofern Sie die Brockenbahn benutzen wollen, beachten Sie, dass Ihr Hund einen Maulkorb tragen muss, sofern er nicht in einem geeigneten Behältnis transportiert wird. Hunde über 20 cm Schulterhöhe fahren kostenpflichtig mit.
- **Schleswig-Holstein: Bungsberg** *(167 m)*
  Der Bungsberg liegt in der Holsteinischen Schweiz. Wenn Sie ab Parkplatz „Gläserland" (an der Landstraße 216 gelegen) zwischen Schönwalde und Hansühn starten, ist die Strecke ca. 2 km lang.
- **Thüringen: Großer Beerberg** *(982 m)*
  Der Große Beerberg ist ein erloschener Vulkan und der höchste Berg Thüringens. Der höchste Punkt darf nicht betreten werden, da sich dort eine Schutzzone befindet. Von Oberhof aus können Sie bis zur „Plänckners Aussicht" wandern (Länge ca. 11 km) oder Sie beginnen Ihre Wanderung bei Schmücke (Länge 5,4 km).

5.
Machen Sie mit Ihrem Hund eine mehrtägige Wanderung. Dabei haben Sie großen Gestaltungsspielraum und können auch sehr kurze Etappen einplanen, wenn Sie sich unsicher sind, wie fit Sie und Ihr Hund sind. Bei mehrtägigen Touren müssen Sie neben Ihrer Route auch Ihre Übernachtung organisieren. Camping, Hüttentouren oder Hotels – Sie können individuell nach Ihren Bedürfnissen das passende Angebot wählen und müssen nur darauf achten, dass in jedem Fall auch Ihr Hund ein gern gesehener Gast ist. Wenn Sie noch nie eine mehrtägige Tour gemacht haben und nicht regelmäßig mindestens 1- bis 2-mal im Monat wandern, sollten Sie sich nicht unbedingt eine ganze Wochentour vornehmen. Viele Reiseveranstalter bieten auch Gepäcktransfer auf den Etappen an.

6.
Unternehmen Sie einmal eine Barfußwanderung oder laufen Sie einen Teilabschnitt barfuß. Wenn Sie barfuß wandern, spüren, tasten und fühlen Sie den Boden ganz genau. Suchen Sie sich eine geeignete Strecke, bei der es einen naturbelassenen Boden gibt. Sie müssen ja nicht gleich eine ganze Wanderung ohne Ihr Schuhwerk bewältigen, da dies ohnehin für ungeübte Füße wesentlich anstrengender ist, als die gleiche Strecke mit Schuhen zu gehen. Barfußwandern ist gesund und verbessert die motorischen Fähigkeiten und kräftig Muskeln, Bänder und Gelenke.

7.
Wandern Sie auf die nächste Anhöhe und schauen Sie sich von dort gemeinsam mit Ihrem Hund den Sonnenaufgang an. Wann die Sonne aufgeht, erfahren Sie ganz einfach, wenn Sie bei Google „Sonnenaufgang" eingeben.

8.
Oft kennen wir uns in unserer unmittelbaren Umgebung schlechter aus als anderswo, daher dreht es sich bei der nächsten Wanderidee darum, diese naher zu erkunden: Wandern Sie doch einmal durch alle Straßen Ihres Wohnortes oder Stadtviertels.

9.
Ähnlich wie bei der vorangegangenen Wanderidee geht es auch bei Idee Nummer 9 darum, sich vor der eigenen Haustür besser auszukennen: Wandern Sie mit Ihrem Hund zum nächstgelegenen Ort oder der nächsten Stadt.

10.
Wenn Sie sportliche Ziele und Herausforderungen mögen, wandern Sie einfach von zuhause oder einem nahegelegenen Startpunkt eine Strecke, die momentan eine Herausforderung für Sie darstellt, die Sie und Ihr Hund jedoch gut bewältigen können. Diese Strecke laufen Sie nun mehrfach im Jahr und verlängern dabei jedes Mal ein bisschen die Entfernung, indem Sie den Wendepunkt immer weiter weg verlegen.

11.
Suchen Sie auf der Landkarte den nächsten See, Stausee oder die nächste Talsperre, der/die von Ihnen mit einer Wanderung umrundet werden kann. Besonders schön ist es für Ihren Hund, wenn Sie einen See finden, in dem er schwimmen darf. Auch wenn Ihr Hund keine Wasserratte sein sollte, so hat er vielleicht Spaß daran, zwischendurch die

Pfoten nass zu machen, etwas zu trinken und sich zu erfrischen. Oder Sie selbst gönnen sich ein erfrischendes Fußbad.

12.
Machen Sie eine Schneeschuhwanderung mit Ihrem Hund und genießen Sie dabei die Winteridylle. Wichtig ist darauf hinzuweisen, dass eine Schneeschuhwanderung nicht für jeden Hund geeignet ist. Außerdem müssen Sie sich selbst erst einmal mit dem Laufen mit Schneeschuhen vertraut machen. Ihr Hund muss lernen, etwas Abstand zu halten und sich daran gewöhnen, dass Sie Stöcke dabei haben, sofern er dies nicht bereits kennt. Kleine Hunde werden sich zudem schon bei geringerer Schneehöhe sehr anstrengen müssen, wohingegen größere, schwerere Hunde schneller einsinken und sich durch den Schnee kämpfen müssen. Für Ihren Hund ist es schwieriger, wenn er vorausläuft. Etwas einfacher ist es für ihn, wenn er zumindest teilweise hinter Ihnen läuft.

Übrigens gibt es auch einige Anbieter, bei denen Sie eine Schneeschuhtour mit Hund buchen können oder bei denen Sie sich Schneeschuhe ausleihen können, um zu testen, ob dies eine geeignete Sportart für Sie und Ihren Hund ist.

Falls Sie Zughundesport wie Dogtrekking, Canicross oder Ähnliches machen, ist es auch möglich, dass Sie sich von Ihrem Hund mit einem Zuggeschirr, einer entsprechenden Ruckdämpferleine und einem Bauchgurt ziehen lassen.

13.
Machen Sie eine Bildungswanderung! Neben verschiedenen Lehrpfaden gehören dazu zum Beispiel auch Planetenwanderwege, Kulturwege und Erinnerungswege. Darüber hinaus können Sie sich geführten Wanderungen zu unterschiedlichen Schwerpunkten anschließen, oftmals ist das Mitbringen eines Hundes nach vorheriger Absprache problemlos möglich.

LINKS

- Wandern auf der Zugspitze: www.auf-die-zugspitze-wandern.info
- Forschungen zum Thema Wandern: www.wanderforschung.de

BÜCHER

- **Ulrich Grober:** *Vom Wandern: Neue Wege zu einer alten Kunst,* Rowohlt Taschenbuch, 2011
- **Jarle Sänger:** *111 Gründe, wandern zu gehen,* Schwarzkopf & Schwarzkopf, 2018
- **Ingo Seifert-Rösing**: *Wanderwissen von A bis Z,* Verlag Pietsch, 2011

Nachtwanderung mit Hund

Teilnehmerzahl:
Ab 1 Mensch-Hund-Team

Vorbereitungsaufwand:
Gering;
Lediglich eine Strecke sollte vorab geplant und eventuell bereits einmal bei Tageslicht abgelaufen werden

Aktivitätsdauer:
Flexibel

Gelände:
Überall möglich, auch in der Stadt

Material/Ausrüstung:

- Taschenlampe oder Stirnleuchte
- Hunde-Sicherheitslicht oder Leuchthalsband

Optional:

- Kompass
- Handy (eventuell auch für die Routenplanung, hierzu kann außerdem eine entsprechende App genutzt werden)
- Wanderkarte
- Sitzunterlage
- Getränk & Proviant (für Mensch & Hund)

Am späten Abend oder nachts im Freien unterwegs zu sein, kann zu einem ganz besonderen Erlebnis werden. Auch für unsere Hunde ist ein Ausflug in der Dunkelheit oft etwas ganz anderes, als tagsüber spazieren zu gehen. Daher sollte darauf geachtet werden, dass sich Hunde durchaus anders verhalten können, wenn die Sonne untergegangen ist. Damit die Touren möglichst gefahrlos verlaufen ist es empfehlenswert, ein paar Dinge zu beachten.

So unspektakulär es sich erst einmal anhört: Eine Nachtwanderung kann jede Menge Spaß bieten, fernab vom Flair einer Kinderfreizeit oder Ähnlichem.

In der Dunkelheit erscheint nicht nur uns, sondern auch unseren Hunden vieles auf einmal ganz anders: Bäume, Sträucher oder die Mülltonne des Nachbarn wirken im Lichtschein des Mondes unter Umständen beim ersten Blick bedrohlich. Daher reagieren viele Hunde plötzlich auf eigentlich Bekanntes mit Unsicherheit.

Auch bei uns Menschen kann die Fantasie beflügelt werden. Es ist viel ruhiger als tagsüber und unsere Sinne sind geschärft, so dass wir manchmal überrascht sein können, was alles zu hören ist.

ABLAUF

Grundsätzlich muss für eine Nachtwanderung nicht viel vorbereitet werden.
Je nachdem, wie schwierig die Strecke ist, die Sie auswählen, macht es auf jeden Fall Sinn, diese bereits einmal bei Tageslicht gelaufen zu sein. Achten Sie darauf, dass Sie die Strecke an Ihre Trittsicherheit anpassen. Ebene, asphaltierte Wege, Feld- und Waldwege bieten gute Voraussetzungen für nächtliche Touren.

Darüber hinaus ist es empfehlenswert, sich eine Route auszusuchen, auf der Sie sich insgesamt sicher- und wohlfühlen, da für uns in der Regel das Spazierengehen oder Wandern im Dunkeln eher ungewohnt ist und wir uns häufig leichter unsicher fühlen als tagsüber.

Ein Aufbruch zur Nachtwanderung, während die Sonne untergeht, ist besonders reizvoll.

Bei der Auswahl der Strecke können eine Wanderkarte oder eine entsprechende App hilfreich sein.

Mit einer App wie beispielsweise Komoot oder Outdooractive haben Sie den Vorteil, Ihre Strecke sehr genau planen zu können und sich in der Dunkelheit navigieren zu lassen. Sie wissen dadurch jederzeit, wo Sie sich genau befinden und wie weit es noch bis zum Ziel ist.

Sollten Sie selbst noch unerfahren sein, wenn es darum geht, sich im Dunkeln draußen aufzuhalten, oder Sie einen Hund haben, der sich noch an die neue Situation gewöhnen muss, sind fürs erste Ausflüge vor allem bei sternenklaren Nächten, im Idealfall sogar Vollmondnächten, perfekt geeignet, um Erfahrungen zu sammeln. Je öfters Sie mit Ihrem Hund draußen bei Nacht unterwegs sind, desto erfahrener werden Sie natürlich.
Eine warme Sommernacht mit Vollmond ist traumhaft schön, um eine Tour mit dem Hund zu unternehmen.
Vor allem, wenn es tagsüber sehr heiß gewesen ist. Gemeinsam in einer Gruppe auf nächtliche Entdeckertour zu gehen, ist ebenfalls eine schöne Abwechslung zum Alltag.

Achten Sie bei aller Romantik darauf, dass auch Jäger bei Vollmond unterwegs sein können, die sich über Nachtwanderer nicht unbedingt freuen. Tragen Sie zu Ihrem Schutz gut sichtbare, reflektierende Kleidung.

Die wichtigsten Ausrüstungsgegenstände sind bei einer Wanderung in der Dunkelheit auf jeden Fall eine Taschenlampe oder Stirnleuchte sowie ein Leuchthalsband und eine reflektierende Hunde-Sicherheitsweste. Im Gegensatz zur Taschenlampe im Handy hat eine separate Taschenlampe den Vorteil, dass sie gut in der Hand liegt und Ihren Handyakku schont. Eine Stirnleuchte kann eine gute Alternative zu einer Taschenlampe sein, da Sie dadurch die Hände freihaben. Falls Sie eine Taschenlampe wählen, sollten Sie daran denken, dass Sie diese im Zweifelsfall die ganze Zeit in der Hand halten – das Gewicht kann also neben der Leuchtkraft ein wichtiges Auswahlkriterium sein.

Je nachdem, wie Sie Ihre Nachtwanderung gestalten möchten, können Sie optional noch weitere Ausrüstungsgegenstände mitnehmen. Eine Trillerpfeife, um im äußersten Notfall auf sich aufmerksam machen zu können, einen Kompass und eine Wanderkarte, wenn Sie auf eine Navigation mit dem Handy verzichten möchten. Je nach Länge der Nachtwanderung können bei Bedarf eine Sitzunterlage, Getränke (auch Wasser für Ihren Hund) und Proviant mit eingepackt werden.

Beachten Sie: Sobald es draußen dämmert, beginnt für viele Tiere die aktive Zeit. Sie nutzen den Schutz der Dunkelheit vor Feinden oder gehen selbst auf die Jagd. Wenn wir überhaupt ein Wildtier draußen entdecken, haben wir meist nur kurzen Sichtkontakt, da die Tiere uns schon längst bemerken, bevor wir in ihrer unmittelbaren Nähe sind. Begegnungen mit in Deutschland heimischen Wildtieren sind daher im Regelfall gefahrlos, eine der wenigen Ausnahmen sind Wildschweine – und das auch nur, wenn diese angreifen. Am gefährlichsten kann eine solche Begegnung

in der Zeit von ungefähr Februar bis Mai werden, da die Bachen, die weiblichen Tiere, in dieser Zeit ihre Frischlinge zur Welt bringen. Am wichtigsten ist bei einer Konfrontation mit Wildschweinen darauf zu achten, keine Fluchtwege abzuschneiden, das Tier nicht zu bedrängen und sich langsam zurückzuziehen.
Sie können die Nachtwanderung sehr flexibel nach Ihren Wünschen gestalten. Ob ein kleiner Nachtspaziergang, eine längere Wanderung, alleine oder in der Gruppe – Sie können sich aussuchen, was am besten für Sie und Ihren Hund geeignet ist.

PRAXISTIPPS

Wenn Sie in einer Gruppe mit anderen Mensch-Hund-Teams unterwegs sind ist es sinnvoll, vorab ein paar Regeln zu vereinbaren. Im Normalfall ist es empfehlenswert, die Hunde an einer normalen Leine zu führen. Zum einen sind nachts sehr viele Wildtiere unterwegs, zum anderen erschrecken Menschen, die Sie vielleicht treffen, meist mehr als tagsüber, wenn plötzlich einer oder mehrere Hunde vor ihnen stehen. Da Sie selbst nachts nicht so gut sehen wie tagsüber, sollten Sie sich entsprechend verhalten.

Schleppleinen sind nicht geeignet, da das Verletzungsrisiko beim Laufen in einer Gruppe in der Dunkelheit schlichtweg zu groß ist. Das gleiche gilt für Rollleinen. Wenn Sie auf künstliches Licht weitestgehend verzichten möchten, bietet es sich an, die Wanderung in einer Vollmondnacht zu machen. Auch wenn wir nachts nicht so gut sehen können wie manche Tiere, ist es erstaunlich gut möglich, sich rasch an die Lichtverhältnisse zu gewöhnen.
Die einzige Voraussetzung hierfür ist, dass Restlicht vorhanden ist. Dies ist draußen immer gegeben.

Strecken, die über das freie Feld gehen, sind logischerweise immer besser durch das natürliche Licht der Sterne und des Mondes beleuchtet, als wenn Sie sich einen Weg durch den Wald aussuchen.

Was die Kleidung betrifft, sollten Sie in jedem Fall bedenken, dass es stark abkühlen kann, sobald die Sonne hinter dem Horizont verschwunden ist. Wie groß Temperaturunterschiede sein können, ist natürlich von der jeweiligen Jahreszeit, der Region und auch vom aktuellen Wetter abhängig.
Wie bei allen Outdoor-Abenteuern ist der „Zwiebel-Look" immer besonders empfehlenswert, dabei werden mehrere Schichten dünner Kleidung, die locker sitzen soll, übereinander getragen.

Sie können bei der Nachtwanderung auch einmal ganz bewusst Ihren Geruchssinn einsetzen: Riechen Sie den Nadelwald, den Waldboden, die Blumenwiese oder das frisch abgemähte Heu?

Übrigens: Die meisten Blumen öffnen sich zwar tagsüber, es gibt jedoch viele Pflanzen, die erst spät abends oder nachts zu blühen beginnen. Diese locken dann Motten und andere Nachtfalter an. Ein besonderes Dufterlebnis bieten somit verschiedene Pflanzen wie zum Beispiel die Zweiblättrige Waldhyazinthe, Heckenkirschen oder auch Ziertabak.

Auch der Geschmacks- und der Tastsinn können bewusster wahrgenommen werden.

WEITERE VARIANTEN

Sehr reizvoll in einer sternenklaren Nacht kann es sein, eine Sternenkarte mitzunehmen, um Sterne und Sternbilder bestimmen zu können. Auch hierfür gibt es mittlerweile verschiedene Apps. Die kostenlose App SkyView® Free nutzt beispielsweise die Kamera des Smartphones, um Ihnen dabei zu helfen, Objekte am Himmel zu identifizieren.

SEHEN IM DUNKELN

Die Augen spielen bei uns Menschen eine besondere Rolle. Der Sehsinn liefert bis zu 80 Prozent aller Informationen über die Außenwelt an unser Gehirn. Um sehen zu können, benötigen wir Licht. Selbst in der Dämmerung können wir noch viel erkennen, so lange eine schwache Lichtquelle vorhanden ist.

Hunde haben uns Menschen gegenüber den Vorteil, dass ihre Augen wesentlich lichtempfindlicher sind. Sie haben sicherlich schon einmal bei Dunkelheit, beispielsweise beim Autofahren, die leuchtenden Augen eines Wildtieres gesehen, oder beim Fotografieren mit dem Blitz bemerkt, dass Ihr Hund grün-gelblich leuchtende Pupillen hatte. Grund für dieses Leuchten ist das sogenannte *Tapetum cellulosum lucidum* (lat. „leuchtender Teppich“), eine reflektierende Schicht, die sich bei vielen nachtaktiven Tieren sowie Hunden und Katzen hinter oder inmitten der Netzhaut des Auges befindet. Das Tapetum wirkt wie ein Reflektor, wodurch das einfallende Licht die Netzhaut zweimal passiert. So kann das in der Dunkelheit einfallende Licht doppelt ausgenutzt werden. Das *Tapetum cellulosum lucidum* ist sozusagen ein „Restlichtverstärker“. Ein Grund dafür, dass Hunde nachts besser sehen als wir, ist also die Anatomie der Augen.

Uns Menschen fehlt das Tapetum cellulosum lucidum, daher kommt es durch die Reflexion der Aderhaut mit ihren Blutgefäßen bei Fotos mit Blitz manchmal zu roten Augen.

Übrigens: Hunde, die das Merle-Gen homozygot tragen, zeigen unter anderem öfters Veränderungen im Pigmenthaushalt des Sinnessystems auf, sie leiden häufig unter multiplen Augenmissbildungen. Folgen können unter anderem ein Mangel an Iris- oder Retinapigmenten sowie ein voll- oder teilweises Fehlen des *Tapetum cellulosum lucidum* beziehungsweise seiner besonderen Pigmente sein.

Bewegungen werden von Hunden besonders gut wahrgenommen, was mit dem peripheren Gesichtsfeld zusammenhängt. Hunde haben ein durchschnittliches Gesichtsfeld von ca. 250°, wobei es rassebedingt durch die Lage der Augen am Kopf große Unterschiede gibt. Wir Menschen schneiden im Vergleich dazu mit einem Gesichtsfeld von ca. 180° eher schlecht ab.

Dogtrekking

Teilnehmerzahl:
Ab 1 Mensch-Hund-Team

Vorbereitungsaufwand:
Gering bis hoch
je nach Route, die geplant wird

Aktivitätsdauer:
Von Halbtagestouren bis zu mehrtägigen Veranstaltungen ist alles möglich

Gelände:
Überall durchführbar

Material/Ausrüstung:
- Laufgürtel/Hüftgurt und Zug- oder Jöringleine mit Ruckdämpfer
- Zuggeschirr

Optional:
- Panic Snap
- Wanderstöcke
- Hundeschuhe/Booties: Die günstigsten Booties, die dennoch fest sitzen, sind meist aus dem Material Cordura und werden in verschiedenen Stärken angeboten.
- Kartenmaterial und Kompass und/oder GPS-fähiges Handy
- Bei mehrtägigen Touren kommen je nach Bedarf Biwackschlafsack, Isomatte, Zelt etc. dazu.
- Packtaschen für den Hund
- Pfotenpflege

Beim Trekking (= Weitwandern) mit Hund, auch „Dogtrekking" genannt, geht es darum, gemeinsam mit dem Hund große Distanzen zu Fuß zu überwinden. Mensch und Hund sind dabei durch eine Leine mit Ruckdämpfer verbunden, der Hund trägt aus diesem Grund ein Zuggeschirr, der Mensch hingegen einen Laufgurt.

Bei offiziellen Dogtrekking-Veranstaltungen spricht man erst bei Distanzen über 80 km und einer Dauer von zwei oder mehr Tagen von Dogtrekking. Doghike werden Touren von 40–80 km bezeichnet. Touren, die weniger als 40 km Distanz umfassen, nennt man schlicht und einfach „Tour". Egal, ob Sie so ambitioniert sind und mit Ihrem Hund einmal bei einer Dogtrekking-Veranstaltung mitlaufen oder einfach eine schöne Zeit in der Natur in Bewegung mit Ihrem Hund verbringen möchten, um diesen auszulasten: Dogtrekking bietet etwas für jeden Geschmack. Das Miteinander zwischen Mensch und Hund steht im Vordergrund.

ABLAUF

Gleich vorweg: Generell müssen Sie bei Ihrer Planung unbedingt sowohl Ihre eigene körperliche Fitness wie auch die Ihres Hundes beachten. Vor längeren Dogtrekking-Touren ist es empfehlenswert, sich selbst vom Hausarzt und seinen Hund vom Tierarzt durchchecken zu lassen.
Bei der Planung der Strecke müssen Sie zunächst entscheiden, wo, in welcher Region oder welchem Land Ihre Trekkingtour stattfinden soll.

Dabei sollten Sie auch die Jahreszeiten mit in Ihre Überlegungen einbeziehen. Prinzipiell ist Dogtrekking zu jeder Jahreszeit machbar,

wenn die Temperaturen jedoch zu hoch sind, ist es unter Umständen nur möglich, früh morgens unterwegs zu sein.

Hängebrücken und Klettersteigpassagen können schnell zu unüberwindbaren Hindernissen werden, wenn Sie einen Vierbeiner an Ihrer Seite haben, der diese nicht bewältigen kann. Es geht zwar auch beim Dogtrekking darum, dass Hund und Mensch über sich hinauswachsen können, setzen Sie sich dennoch realistische Ziele! Mit einem kleinen Hund ist es vielleicht möglich, ihn bei einer Klettersteigpassage zu tragen (sofern dieser das auch zulässt), mit einem größeren, schweren Hund kann dieses Unterfangen aussichtslos werden.

Ein guter Laufgürtel, der mit einer Jöringleine mit dem Zuggeschirr Ihres Hundes verbunden ist, gehört zur Standardausrüstung. Durch den Laufgürtel sind Ihre Bewegungen nicht eingeschränkt und Sie haben Ihre Hände frei. So ist es auch möglich, gegebenenfalls Wanderstöcke ungehindert zu benutzen.
Es lohnt sich zudem, in einen Panic Snap zu investieren, der benutzt wird, um die Zugleine schnell vom Laufgürtel abzukoppeln. So können Sie in Notsituationen, zum Beispiel bei einem Sturz, sich und Ihren Hund schnell voneinander trennen. Im Hinblick auf das Zuggeschirr ist zwingend darauf zu achten, dass dieses optimal auf Ihren Hund angepasst ist. Es gibt mittlerweile einige Fachgeschäfte mit optimaler Beratung, die auch Zuggeschirre auf Maß anfertigen. Die richtige Passform ist unerlässlich, um gesundheitlichen Schädigungen vorzubeugen.

Es gibt eine große Auswahl an Zuggeschirren, am besten Sie lassen sich von einem Experten beraten.

Auch ein Maulkorb ist kein Hindernis, sofern er wie das Zuggeschirr gut passt.

Wenn Sie auf sehr steinigem Untergrund wandern, sollten Sie für alle Fälle passende Hundeschuhe im Gepäck haben.

Wie bei anderen Zughundesportarten, zum Beispiel dem Canicross (Jogging mit Hund) oder dem Bikejöring (Hund läuft und zieht vor dem Fahrrad), muss ein Hund natürlich zunächst an diesen Sport herangeführt und trainiert werden. Es empfiehlt sich, hierzu eine Hundeschule oder einen Schlittenhundeverein, wo Training für Anfänger im Zughundesport angeboten wird, zu besuchen. In der Regel ist es dort auch möglich, sich hinsichtlich der passenden Ausrüstung beraten zu lassen.

Sie können Ihren Hund beim Dogtrekking – je nach Hundegröße – seine Ausrüstung oder sein Futter mit Hilfe von Packtaschen selbst tragen lassen. Achten Sie darauf, gegebenenfalls einen funktionalen und gut sitzenden Hunderucksack zu erwerben und nicht am falschen Ende zu sparen. So wie beim Zuggeschirr ist es absolut notwendig, dass ein Hunderucksack richtig sitzt.

Generell sollten Sie Ihrem Hund nur Packtaschen anziehen, wenn er dazu kräftig genug ist. Beim Beladen der Packtaschen sollten beide Seiten gleichmäßig befüllt werden. Am Anfang beginnen Sie selbstverständlich mit einem geringen Gewicht, zum Beispiel einer Futterportion pro Packtaschenseite. Neben dem Gewicht muss sich Ihr Hund auch an die Maße der Tasche gewöhnen, so dass er an engen Passagen nicht überall anstößt.

Neben der Planung der Strecke müssen Sie für sich und Ihren Hund an die Versorgung und gegebenenfalls Übernachtung denken. Wie bei allen Outdoor-Abenteuern müssen Sie gut darauf achten, genügend Wasser für sich und Ihren Hund dabei zu haben.

Sofern Sie an einer organisierten Veranstaltung teilnehmen möchten, beachten Sie in jedem Fall die geltenden Regularien. Je nach Event ist eine bestimmte Ausrüstung, die meist mitgeführt werden muss, vorgeschrieben. Dazu kommen weitere Bestimmungen und Regeln, die sehr unterschiedlich ausfallen können.

PRAXISTIPPS

Starten Sie zu Beginn unbedingt mit kürzeren Strecken. Achten Sie darauf, dass Ihr Hund Pausen bekommt, in denen er nicht zieht.

Gönnen Sie Ihrem Hund ruhig zwischendurch eine Pause, in der er nicht zieht.

LINKS

- Dogtrekking & more Sportunion, Verein für Tourensport mit Hund(en) www.dogtrekking.at
- Hundwegsam – Blog über das Weitwandern mit Hund https://hundwegsam.jimdo.com/

BÜCHER

- **Heiko Kühr:** *Trekking mit Hund*, Conrad Stein Verlag, 2017

ACTION-ABENTEUER mit Hund

Neben dem im vorherigen Kapitel vorgestellten Dogtrekking und anderen Wander-Abenteuern gibt es weitere Outdoor-Abenteuer, die eine besonders sportliche Herausforderung für Sie und Ihren Hund bieten. Dabei sind neben sportlicher Fitness teilweise weitere Fähigkeiten wie Kooperation, Konzentration, Durchhaltevermögen und vor allem auch Teamgeist gefragt.

Das Action-Kapitel ist Abenteuern gewidmet, die einen besonderen Nervenkitzel bieten, spannend sind und bei denen Sie vielleicht noch mehr dazu herausgefordert werden, Ihre eigene Komfortzone zu verlassen.

Adrenalin-Junkies kommen vor allem bei sportlichen Ereignissen wie Hindernisläufen mit Hund voll auf ihre Kosten. Und für diejenigen, die es mit ihrem Hund - erst einmal - etwas ruhiger angehen lassen wollen, bietet das Stand Up Paddeling eine gute Möglichkeit, gemeinsam mit dem Hund neue Erfahrungen zu sammeln. Weitere Action-Abenteuer, die hier nicht detailliert vorgestellt werden, sind beispielsweise andere Zughunde-Sportarten wie Canicross, Bikejöring oder Dogscooter, die alleine, gemeinsam mit anderen Mensch-Hund-Teams und bei verschiedenen Sportveranstaltungen durchgeführt

Bei Hindernisläufen mit Hund warten ganz neue Herausforderungen auf einen.

werden können. Schwimmen mit Hund oder gemeinsam mit ihm Kanu oder Floß zu fahren, können ebenfalls tolle Erlebnisse mit einer Prise Action sein und es kann sich lohnen, diese zusammen auszuprobieren.

Eine weitere sportliche Beschäftigung gemeinsam mit Hund ist der Turnierhundesport, bei dem zwischen verschiedenen Disziplinen gewählt werden kann.

Hindernisläufe mit Hund

Teilnehmerzahl:
Ab 1 Mensch-Hund-Team oder in einer Gruppe möglich, abhängig von der Veranstaltung

Vorbereitungsaufwand:
Gering – hoch: Der Vorbereitungsaufwand bezieht sich hier auf das sportliche Niveau,

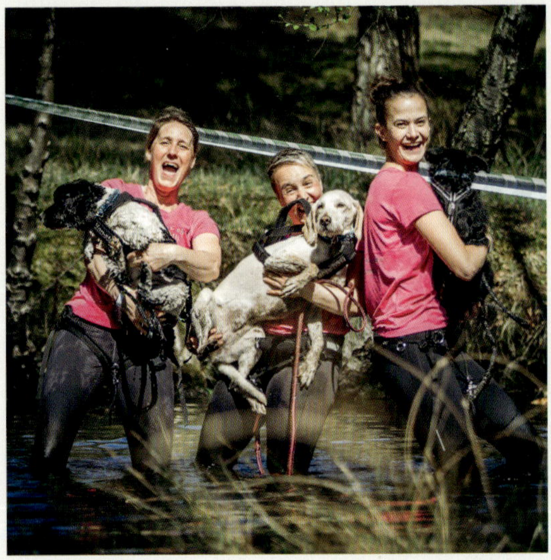

welches Sie und Ihr Hund je nach gewählter Veranstaltung vorab erreichen sollten, und somit auf den Zeitaufwand, den Sie gegebenenfalls für ein Training einkalkulieren müssen. Sie können mit ca. 6 Monaten Vorbereitungszeit rechnen, wenn Sie sich auf alle Aufgaben, die Sie bei einem Hindernislauf erwarten können, gezielt vorbereiten möchten.

Aktivitätsdauer:
Je nach Veranstaltung und gewählter Streckenlänge

Gelände:
Wird an verschiedenen Veranstaltungsorten angeboten, an denen sich das Gelände unterscheidet

Material/Ausrüstung:
Abhängig von der Veranstaltung, in der Regel ist folgende Ausrüstung erforderlich:

- Canicross-Laufgürtel und Jöringleine
- Zuggeschirr und Halsband
- Laufschuhe und Sportbekleidung

Optional:

- Panic Snap (mit welchem die Zugleine sofort gelöst werden kann)
- Maulkorb (je nach gesetzlichen Vorgaben und/oder zur Absicherung)

Weitere Ausrüstung kann je nach gewählter Veranstaltung und den eigenen Bedürfnissen ebenfalls erforderlich sein.

Hindernisläufe mit Hund sind eine Verbindung von Canicross und verschiedenen Hindernissen und Aufgaben, die gemeinsam mit dem Hund bewältigt werden müssen. Canicross ist eine Zughundesportart, bei welcher Hund und Halter mit einer Jöringleine (= einer Leine mit Ruckdämpfer) verbunden sind. Der Hund trägt dabei ein Zuggeschirr, der Hundehalter einen Laufgürtel.

In Deutschland gibt es mehrere Anbieter, die Hindernisläufe mit Hund veranstalten. Die Distanzen reichen dabei von 5 bis über

15 km, die Anzahl der Hindernisse ist logischerweise von der Distanz und auch der jeweiligen Veranstaltung abhängig.

ABLAUF

Ihre Vorbereitung ist abhängig davon, an welcher Veranstaltung Sie teilnehmen und welche Distanz Sie bei dieser laufen möchten. Die teilnehmenden Mensch-Hund-Teams sind bei den Veranstaltungen übrigens bunt gemischt. Von absoluten Profis und erfahrenen Canicrossläufern über Hobbysportler oder Mensch-Hund-Teams, die sich mit anderen Disziplinen wie dem Mantrailing oder Apportieren beschäftigen, bis hin zu Menschen, die bislang mit Sport eher „wenig am Hut" hatten. Sofern keine gesundheitlichen Gründe bei Ihnen oder Ihrem Hund dagegensprechen, können Sie sich somit bei dem nächsten Hindernislauf anmelden.
Um den ausgewählten Parcours bewältigen zu können, sollten Sie im Vorfeld entsprechend trainieren. Neben dem Canicross, welches bei allen Hindernisläufen mit Hund ein Bestandteil ist, benötigen Sie und Ihr Hund genügend Ausdauer und Fitness, um Hindernisse zu überklettern, darunter durchzukriechen, durchs Wasser zu laufen oder zu schwimmen und verschiedene Aufgaben zu bewältigen, bei denen die Hundenase zum Einsatz kommt, Impulskontrolle gefragt ist oder Ihr Hund etwas apportieren muss. Kooperation und Vertrauen zwischen Mensch und Hund sind bei allen Hindernisläufen ein wichtiger Bestandteil.

Über den Ablauf und die Regeln der von Ihnen ausgewählten Veranstaltung können Sie sich bereits vorab erkundigen. Wichtig ist es, sich zu informieren, welche Ausrüstung Sie und Ihr Hund benötigen, um teilnehmen zu können.

PRAXISTIPPS

Das Training zur Vorbereitung in einer Gruppe kann großen Spaß bereiten. Mittlerweile gibt es in einigen Hundeschulen, Hundevereinen sowie lokalen oder auch überregionalen Gruppen viele Möglichkeiten, sich anzuschließen und somit bereits vor der Veranstaltung etwas Teamgeist zu schnuppern. Die Hunde gewöhnen sich außerdem so gut an das Laufen in einer Gruppe. Ein weiterer Vorteil beim Training in einer Gruppe: Es ist meist einfacher, verschiedene Trainingsthemen vorab zu trainieren, da jedes Gruppenmitglied seine Ideen beisteuern kann. Manche Veranstalter von Hindernisläufen bieten auch Trainingsmöglichkeiten vorab an, bei denen man einen oder mehrere Tage gemeinsam mit anderen Mensch-Hund-Teams die verschiedenen Disziplinen trainieren und sich so auf den Hindernislauf vorbereiten kann.

Sollten Sie sich und Ihren Hund alleine auf die Teilnahme an einem Hindernislauf vorbereiten wollen, ist das ebenfalls möglich, bei den meisten Veranstaltungen sind auch Einzelanmeldungen möglich.

WEITERE VARIANTEN

Neben dem Hindernislauf mit Hund gibt es auch Veranstaltungen, bei denen Sie gemeinsam mit Ihrem Hund schwimmen und/oder ausschließlich laufen müssen.

LINKS

- **Camp Canis**
  Team-Trail-Abenteuer, Hindernisläufe, Trainingscamps
  www.campcanis.com
- **StrongDog**
  Canicross-Läufe, Canicross-Hindernisläufe, Hunde-Outdoor Festival, SwimRun und Ultratrail
  www.strongdog.de
- **Tough Dogz Run**
  Hindernislauf in der Schweiz
  www.tough-dogz-run.ch
- **Tough Hunter**
  Tough Hunter & Tough Race – Multidisziplinäre Hindernisläufe, Tough 100 – Etappenlauf über 100 km (4 Tage), Trainingscamps
  www.tough-hunter.de

BÜCHER

- **Ingo Babbel:** *World of Canicross: Alles Wissenswerte für deinen perfekten Zughundesport,* Der Hundling, 2018
- **Uwe Radant:** *Zughundesport: Canicross, Bikejöring, Dogscooter,* Franckh Kosmos Verlag, 2018

Stand Up Paddeling (SUP) mit Hund

Teilnehmerzahl:
Ab 1 Mensch-Hund-Team

Vorbereitungsaufwand:
Gering bis mittel
Zur Vorbereitung benötigt man die entsprechende Ausrüstung und einen passenden Ort. Ist beides organisiert, kommt lediglich das Aufpumpen des SUP-Boards hinzu, sofern Sie dieses nicht bereits aufgepumpt ausleihen oder ein festes Board nutzen.

Aktivitätsdauer:
Kleine Touren von ca. 20–60 Minuten bis hin zu Tagestouren – alles ist möglich.

Gelände:
See, Fluss, Meer
Die Wassertiefe sollte mind. 30 cm betragen. Für kurze Teilstrecken ist es im einfachen Gewässer auch möglich, ohne „Finne“ (eine Art „Flosse“ am Heck des Boards, sie sorgt für die Richtungsstabilität im Wasser) zu fahren.

Material/Ausrüstung:

- SUP-Board
- Paddle

- Pumpe (Handpumpe oder elektrische Pumpe, sofern das Board nicht bereits aufgepumpt ausgeliehen werden kann oder Sie ein festes SUP-Board benutzen)
- Leichte, schnelltrocknende Bekleidung
- **Hundegeschirr:** Der Hund sollte ein Geschirr oder eine Schwimmweste tragen, um ihm den Aufstieg auf das Board im Wasser zu erleichtern. Sollte der Hund ins Wasser springen und wieder auf das Board aufsteigen wollen, kann er so von Ihnen besser unterstützt werden und am Geschirr/an der Schwimmweste hochgezogen werden.

Optional:

- 1 Schwimmweste pro Person: Schätzen Sie realistisch ein, wie gut Sie schwimmen können!
- 1 Schwimmweste pro Hund: Schwimmwesten sind vor allem dann ratsam, wenn Sie auf größeren Flüssen oder Seen oder dem Meer unterwegs sind.
- Neoprenbekleidung (nur bei kühleren Temperaturen und Gewässern sinnvoll)
- Schwimmschuhe/Wasserschuhe
- Kopfbedeckung
- Drybag (zur sicheren und vor Wasser geschützten Aufbewahrung von Handy, Autoschlüssel & Co.)
- Handtuch/Gummimatte für einen sichereren Stand des Hundes auf dem Board
- Leash (= Verbindungsseil zwischen Ihnen und dem SUP, welches mit Hilfe eines Klettverschlusses am Fußknöchel befestigt wird)
- Anker für SUP-Board

Stand Up Paddeling ist mit fast jedem Hund machbar.

Stand Up Paddeling (SUP) mit Hund gehört in den letzten Jahren zu den Sportarten, die immer beliebter werden. Hund und Mensch stehen dabei gemeinsam auf einem SUP-Board, ähnlich einem Surfbrett, auf dem Wasser und müssen dabei die Balance halten. Die Fortbewegung findet mit Hilfe eines Stechpaddels statt. Neben dem sportlichen Aspekt, den das SUP sowohl für den Hund als auch für den Menschen bietet, ist es gleichzeitig möglich, in der Natur ganz neue Eindrücke zu sammeln, wenn die Gegend vom Wasser aus erkundet wird. Entschleunigung, weg vom Alltagsstress und einfach die Seele baumeln lassen – auch das ist beim SUP mit Hund bei geeigneter Streckenauswahl und nach dem richtigen Training als Voraussetzung für einen entspannten Hund möglich.

SUP-BOARDS

Im Vergleich zu einem klassischen Surfbrett sind SUP-Boards etwas größer und haben mehr Volumen. Da die SUP-Boards zwischen ca. 3–4 m lang sind und somit bei Transport und Aufbewahrung einiges an Platz benötigen, sind aus praktischen Gründen die aufblasbaren Boards empfehlenswert. Die SUP-Boards können einfach verstaut und somit auch gut transportiert werden.

Die SUP-Boards unterscheiden sich neben großen preislichen und qualitativen Unterschieden aktuell meist hinsichtlich folgender Aspekte:

- Boardtypen (aufblasbare SUP-Boards, feste SUP-Boards)
- Größe (Volumen, Länge, Breite)
- Anwendungsgebiet: Boardklassen (u. a. Allrounder, Cruising, Race)
- Beschichtung des Boards „soft deck pad“: Vermindert die Rutschgefahr und gibt dem Hund Standsicherheit. Viele Boards haben mittlerweile die gesamte Fläche beschichtet.

Wichtig zu beachten ist auch die Tragkraft des Boards: Da Sie nicht alleine auf dem Board sind, dürfen Sie das Gewicht Ihres Hundes dabei nicht vergessen.

Die Preise für ein aufblasbares SUP-Board beginnen mittlerweile bereits bei ca. 180 Euro ohne Zubehör (wie Paddel und Luftpumpe) und gehen bis weit über 1000 Euro.

Idealerweise sollten Sie verschiedene Boards ausprobieren, bevor Sie sich für eines entscheiden. Das hat den Vorteil, dass Sie ein Gefühl dafür bekommen, was Ihnen am besten liegt und sich für die Fahrt mit Hund eignet. Sicherlich sind Einsteiger-SUP-Boards in einer entsprechenden Qualität nicht verkehrt, aber viele Stand Up Paddeler lernen schnell den Vorteil eines Race-Boards zu schätzen.

Die Wahl des Boards ist jedoch auch maßgeblich von der Größe des Hundes abhängig, da Race-Boards beispielsweise schmaler sind und daher tendenziell eher für geübte Mensch-Hund-Teams und kleine bis mittelgroße Hunde geeignet sind.

Tipp 1:
Probieren Sie nach Möglichkeit in einem Verleih verschiedene Boards aus.

Tipp 2:
Informieren Sie sich über die Vor- und Nachteile der verschiedenen Boardklassen.

Tipp 3:
Zum Saisonende verkaufen viele Verleihstationen gebrauchte Boards und Testboards - so lässt sich das eine oder andere Schnäppchen machen.

Mit etwas Übung ist Stand Up Paddeling auch mit zwei Hunden, sofern sie mit auf das Board passen, machbar.

ABLAUF

Bevor Sie überhaupt SUP mit Hund beginnen können, benötigen Sie die entsprechende Ausrüstung wie oben beschrieben. Außerdem sollten Sie sich darüber informieren, wo diese Sportart erlaubt ist. Ein stehendes Gewässer oder ein ruhiger Fluss eignen sich für Anfänger eher als ein Fluss mit stärkerer Strömung. Selbstverständlich ist es möglich, SUP im Meer zu machen. Für den Beginn, insbesondere mit dem Hund, ist davon jedoch abzuraten. Sollte Ihr Hund ebenfalls noch ein Anfänger sein, ist es in jedem Fall ratsam, für die ersten Einheiten einen Ort auszuwählen, an welchem nicht allzu viel Trubel herrscht.

Haben Sie einen passenden Ort gefunden, müssen Sie zunächst an Land einige Vorbereitungen treffen:

Zu Beginn sollten Sie sich selbst mit dem Material vertraut machen. Dazu gehören zum Beispiel das Aufpumpen und das Erkennen, wo vorne und hinten ist. Bei SUP-Boards spricht man von Deck (= Standfläche), Nose (= Brettspitze) und Tail (= Heck). Meistens erkennt man Nose und Tail daran, dass die Brettspitze vorne spitz zuläuft. Es gibt jedoch auch SUP-Boards, die oval geschnitten sind. Die Gepäckspanngummis befinden sich im Normalfall an der Brettspitze und spätestens ein Blick unter das Board klärt auf, da die Finne immer am Heck sitzt.

Nachdem Sie das SUP-Board vorbereitet haben, müssen Sie, um sich auf dem Wasser gut fortbewegen zu können, das Paddel auf Ihre Körpergröße einstellen. Welche Paddelgröße optimal ist, wird häufig diskutiert, da diese von verschiedenen Faktoren wie Länge des Blattes, dem Boardtyp, Ihrem Fahrkönnen, dem Einsatzbereich und natürlich auch von Ihrem Paddelstil und Ihrer Anatomie abhängig ist. Das wichtigste Kriterium ist allerdings, dass Sie sich mit der Paddellänge wohlfühlen und Sie keine gesundheitlichen Nachteile durch diese bekommen.

Für einen Anfänger ist es empfehlenswert, das Paddel vor sich hinzustellen und die Hand an der Stelle um den Griff zu legen, dass der Arm leicht gebeugt ist. Die meisten Paddel verfügen über einen Verstellmechanismus, Vario-Clips genannt, mit welchem Sie die richtige Länge fixieren können. Zum Verlängern oder Verkürzen der Paddellänge öffnen Sie die Clips, stellen die passende Länge ein und schließen die Clips einfach wieder. Achten Sie darauf, dass der Griff dabei parallel zum Paddelblatt ausgerichtet bleibt.

PADDEL UND PADDELTECHNIK

Nicht nur bei den SUP-Boards, auch bei den Paddeln können Sie zwischen verschiedenen Materialien (Aluminium, Carbon, Fieberglas, Bambus und Holz) und Preisklassen wählen. Am günstigsten sind Aluminium-Paddel, die etwas schwerer, dafür aber nicht so empfindlich sind, und gerade Anfängern verzeihen, wenn mit dem Paddel mal ein Stein berührt wird oder sogar durch das Berühren des Bodens abgebremst wird. Neben dem Material ist ein weiteres Entscheidungskriterium die Verstellbarkeit: Es gibt auch 2- oder 3-teilige Variopaddel, die beim Transport nicht so viel Platz wegnehmen. Verstellbare Paddel sind am weitesten verbreitet, es gibt aber auch feste Paddel, die direkt auf die Körpergröße angepasst werden. Neben der richtigen Einstellung der Paddellänge sollten Sie unbedingt beachten, das Paddel richtig herum zu halten, da dies ein häufiger Anfängerfehler ist. Sie müssen auf dem Wasser das Paddel so halten, dass das Blatt des Paddels quasi nach vorne „knickt“. Beim Paddeln gibt es 3 Phasen: Die Einstechphase des Paddels ins Wasser, die Zugphase und die Rückholphase. Um guten Vortrieb zu erreichen, stechen Sie das Paddel möglichst weit vorne neben dem Board ins Wasser ein und ziehen das Paddel dann in einer geraden Linie entlang der Länge des Boards durch das Wasser bis circa auf Höhe Ihrer Füße bzw. des Griffs am Board. Danach ziehen Sie das Paddel aus dem Wasser und beginnen den nächsten Paddelschlag.

Übrigens: Auch wenn Sie gerade nicht paddeln, erreichen Sie eine leichtere Balance auf dem Board, wenn Sie das Paddelblatt ins Wasser führen.

Um möglichst gerade zu paddeln, müssen Sie nach einigen Paddelschlägen die Seite wechseln.
Wenn Sie anhalten möchten, setzen Sie das Paddelblatt auf Höhe Ihrer Füße ins Wasser. Sie werden sich dabei in die Richtung drehen, auf der Sie das Paddelblatt ins Wasser eingetaucht halten. Um also quasi in Fahrtrichtung anzuhalten, stechen Sie zunächst das Paddel auf der einen, dann auf der anderen Seite ins Wasser.
Um zu wenden gibt es mehrere Methoden, eine davon ist das Paddelblatt möglichst weit an der Spitze des Boards ins Wasser einzustechen und dann das Paddel in einem Halbkreis nach hinten zu bewegen. Diese Bewegung wird dazu führen, dass sich das Heck des Boards dreht.

Bevor Sie Ihren Hund mit „an Board" nehmen, sollten Sie erst einmal selbst das SUP beherrschen. Sie müssen kein Profi sein, sollten jedoch sicher Auf- und Absteigen und im Idealfall bereits stehend kleinere Strecken bewältigen können. Das Lenken und Ausbalancieren bei Wellengang sowie das Drehen des Boards auf dem Wasser (um die eigene Achse) und das Stoppen gehören mit zu den Basisfähigkeiten, die Sie bereits etwas erprobt haben sollten.
Wenn Sie sich nämlich selbst noch unsicher fühlen und dabei bereits auf Ihren Hund achten müssen, machen Sie sich diese schöne Freizeitbeschäftigung unnötig schwer. Ganz abgesehen davon wird es vor allem dann schwierig, wenn Sie einen unsicheren Hund haben, selbst noch unsicher sind und diesem Sicherheit vermitteln möchten.
Somit beginnt das SUP mit Hund zunächst ohne den Vierbeiner und Sie machen sich mit den verschiedenen Fahrtechniken vertraut.

SCHRITT 1: SUP-FAHRTECHNIKEN

Aufsteigen auf das Board: In der Mitte des SUP-Boards befindet sich bei fast allen Boards ein fester Griff oder eine Schlaufe. Mit deren Hilfe tragen Sie das SUP-Board und legen es mit dem Heck voran ins Wasser, um zu verhindern, dass die Finne auf dem Gewässergrund aufsetzt.
Bevor Sie aufsteigen, sollte das SUP-Board mindestens in ca. 30 cm tiefem Wasser liegen. Sie legen das Paddel quer über das Board, stellen sich ca. in die Mitte (auf Höhe des Griffs) neben das Board, stützen sich mit beiden Händen auf das Board und setzen erst das hintere, dann das vordere Knie auf. Richten Sie sich kniend auf dem Board aus, je weiter Sie Ihre Knie auseinander aufsetzen desto mehr Stabilität haben Sie. Richten Sie Ihren Oberkörper gerade auf und beginnen Sie zu paddeln.
Sie können sich natürlich auch erst einmal auf das Board setzen und etwas paddeln, im Sitzen lässt sich das Board jedoch nicht so gut lenken wie hockend oder stehend.

Aufstehen auf dem Board: Legen Sie das Paddel wieder quer vor sich auf das Board und stützen Sie sich mit den Händen vor sich auf dem Board ab. Stellen Sie einen Fuß nach dem anderen auf Höhe des Griffes auf. Achten Sie dabei darauf, sich möglichst breitbeinig hinzustellen – das gibt mehr Stabilität. Die Knie sind beim Stehen leicht gebeugt.

SCHRITT 2: HERANFÜHREN DES HUNDES AN DAS SUP-BOARD AN LAND

Beim SUP mit Hund können Sie neben der sportlichen Betätigung auch die Bindung und das Vertrauen Ihres Hundes fördern. Eine wichtige Voraussetzung hierzu wurde bereits weiter oben erläutert: Sie sollten selbst das SUP schon recht gut beherrschen.

Jeder Hund hat – wie wir Menschen – seine individuelle Persönlichkeit, daher gibt es auch kein Patentrezept, wie ein Hund am besten ans SUP herangeführt wird.
Ein Kursbesuch bei einem kompetenten Kursleiter für SUP, der im Idealfall auch Hundetrainer sein sollte oder aber mit einem Hundetrainer zusammenarbeitet, ist daher empfehlenswert. Aber auch ohne einen solchen Kurs ist es in der Regel gut machbar, das SUP mit Hund zu beginnen. Manche Hunde steigen sofort auf das Board, während dieses im Wasser liegt, und gehen mit ihren Menschen auf große Fahrt, andere sind dabei etwas zurückhaltender. Ob ein Hund eine Wasserratte ist oder nicht, ist dabei nicht immer entscheidend. Manchmal ist es sogar einfacher, einen Hund auf dem SUP-Board dabeizuhaben, der nicht permanent ins Wasser springen möchte.

Bevor der Hund das erste Mal an Land das SUP-Board genauer in Augenschein nimmt, sollten Sie folgende Vorbereitungen treffen:

- An Land sollten Sie unbedingt die Finne, die sich unten am Heck des Boards befindet, entfernen. Manche Boards haben davon auch mehrere, vor allem Yoga-Boards.
- Ehe Sie Ihrem Hund das Board zeigen, er dieses inspizieren darf und das erste Mal auf das Board geführt wird, sollten Sie darauf achten, dass dieses entsprechend geschützt ist. Dafür sollte (zumindest ein größerer Bereich) rutschtest sein, so dass der Hund es später im Wasser einfacher hat zu balancieren, und das Board nicht so leicht durch seine Krallen geschädigt wird. An dieser Stelle sei angemerkt, dass manche SUP-Verleihstationen KEINE Hunde auf den Boards gestatten, klären Sie dies also gegebenenfalls vorher ab. Die neuen aufblasbaren Boards sind normalerweise sehr robust, dennoch kann es passieren, dass Hundekrallen oberflächliche Kratzer hinterlassen, vor allem auf der Beschichtung, dem sogenannten „soft deck pad". Wer auf Nummer sicher gehen möchte und/oder wessen Board nicht durchgängig mit einer Antirutschbeschichtung versehen ist, kann unkompliziert aufrüsten: Am einfachsten ist es, ein Handtuch oder ein Stück Yogamatte oder Ähnliches mit Hilfe eines Spanngurtes rund um das SUP zu befestigen. Darüber hinaus gibt es mittlerweile sogenannte SUP Dog Pads, die einfach am Board befestigt werden können. Weiter gibt es zum Nachrüsten selbstklebende, rutschfeste Pads zu kaufen.
- Nach der Vorbereitung des Boards zeigen Sie Ihrem Hund dieses und lassen ihn auch darauf herumlaufen. Wenn Sie möchten, können Sie direkt beginnen, das Auf- und Absteigen auf das Board mit einem Kommando zu verbinden, dies ist jedoch

Am Anfang kann es sinnvoll sein, einfach gemeinsam mit dem Hund auf dem Board zu sitzen.

keine Voraussetzung. Wenn Sie davon ausgehen, dass Ihr Hund gerne direkt vom Board ins Wasser springen wird, ist es jedoch ratsam, wenn Sie dazu Kommandos trainieren.

- Falls Ihr Hund an Land ohne Skepsis auf dem Board steht, können Sie ihn auch dort ins Sitz bringen, da dies im Wasser für viele Hunde zu Beginn eine stabilere Position darstellt. Je nach Größe des Hundes ist auch ein Platz ratsam.

SCHRITT 3: ERSTE ÜBUNGSEINHEIT MIT HUND AUF DEM WASSER

Suchen Sie sich im Idealfall ein ruhiges Gewässer, ohne Ablenkung durch Menschen und Hunde.

Bei den ersten Übungseinheiten im Wasser sorgen Sie für gute Rahmenbedingungen. Als äußerst empfehlenswert hat sich erwiesen, dass das Board zunächst am Anker liegt. Hierfür gibt es im Handel spezielle Anker. Ist keiner verfügbar, sollte nach Möglichkeit eine zweite Person das SUP-Board stabilisieren und am Wegschwimmen hindern.

Entweder lassen Sie den Hund auf das SUP-Board aufsteigen oder Sie selbst sitzen auf dem Board, lassen Ihre Beine links und rechts im Wasser baumeln, was weitere Stabilität gibt, und Ihr Vierbeiner steigt dann auf das Board. Dabei kann er auch von einer weiteren Person dorthin geführt werden. Ist Ihr Hund unsicher, ist es natürlich wichtig, ihm Zeit zu lassen und Unterstützung anzubieten.

Es bringt nichts, den Hund nachhaltig zu verstören, weil man ihn einfach aufs Board stellt und er dabei große Unsicherheit oder Angst empfindet. Manchmal muss man sehr kleine Schritte machen und es immer wieder versuchen. Erfahrungsgemäß ist es jedoch mit nahezu jedem Hund bereits beim ersten Mal problemlos möglich, ihn auf das Board im Wasser zu bekommen.

Zu Beginn ist es ausreichend, für eine gewisse Zeit mit dem Hund einfach nur auf dem Board zu sitzen. Klappt es gut, können Sie aufstehen, jedoch noch nicht das Paddel einsetzen. Das klappt am besten, wenn das Board durch einen Anker oder eine weitere Person am Wegschwimmen gehindert wird und Sie sich voll und ganz auf sich und Ihren Hund konzentrieren können. So kann sich der Vierbeiner an die Bewegung des Boards auf dem Wasser und sein eigenes Ausbalancieren etwas gewöhnen.
Erst wenn Sie merken, dass Ihr Hund entspannt, beginnen Sie sich ein bisschen auf dem Board zu bewegen, eventuell aufzustehen und zu paddeln. Paddeln können Sie auch zuerst einmal im Sitzen, sofern Sie das Gefühl haben, dass dies Ihrem Hund – und Ihnen - mehr Sicherheit gibt. Manche Hunde brauchen etwas Zeit, bis sie sich an das Schaukeln des Boards gewöhnt haben. Eine Möglichkeit, das Board spielerisch einzubauen und dem Hund mehr Sicherheit zu geben, ist das Üben von einfachen Tricks wie zum Beispiel Pfote geben oder einen Kreis oder eine Acht um Ihre Beine zu laufen, wenn Sie auf dem Board stehen.

SCHRITT 4: KLEINERE UND GRÖSSERE TOUREN MIT HUND

Sobald der Hund sich mehr und mehr entspannt, können Sie Fahrt aufnehmen und kleinere Strecken zurücklegen. Beobachten Sie dabei stets Ihren Hund und legen gegebenenfalls ausreichend Pausen ein.

SUP ist ein Ganzkörpertraining. Vor allem zu Beginn sollte unbedingt auf die eigene Kondition geachtet werden, da beim SUP durch die kräftigende Wirkung des Paddelns im Stehen Schulter-, Rumpf- und Rückenmuskulatur beansprucht werden. Durch das Balancieren auf dem Brett und die damit ausgeübte Körperspannung, werden unter anderem auch die Bein- und Po-Muskulatur trainiert.

Wichtig! Auch unsere Hunde werden beim SUP körperlich gefordert und müssen vor allem beim Stehen ihre Beinmuskulatur beanspruchen. Wie stark die Hunde gefordert sind, hängt individuell von verschiedenen Faktoren ab, beispielsweise davon, ob der Hund sich viel auf dem Board setzt oder ob er dort steht. Dadurch ist SUP auch für den Hund ein körperliches Fitnesstraining und kann somit physiotherapeutisch zum Muskelaufbau genutzt werden. Daher ist unbedingt auch der Fitnessstand des Hundes zu beachten und im Zweifelsfall die Meinung eines Tiermediziners oder eines Hundephysiotherapeuten einzuholen.

Kurze oder längere SUP-Touren, alleine oder in der Gruppe – gestalten Sie den gemeinsamen Wassersport mit Ihrem Hund einfach nach Lust und Laune.

Zu Beginn sollten nur inkleinen Einheiten trainiert werden. Bei manchen Hunden sieht man nach kurzer Zeit auf dem Board, dass die Muskulatur in den Beinen zu zittern beginnt, was bei uns bei Beanspruchung auch der Fall sein kann. In der Regel stellt dies kein Problem dar, nur sollte das Training dann zeitnah beendet werden. Ein bisschen ist das SUP vergleichbar mit den heutzutage nicht nur in der Hundephysiotherapie, sondern auch im Hundesport- und Beschäftigungsbereich eingesetzten Balancekissen.

PRAXISTIPPS

Im Idealfall besteht die Möglichkeit, an einem SUP-Kurs mit Hund teilzunehmen, ein SUP-Kurs ohne Hund ist ebenfalls empfehlenswert. Da die Anschaffung eines eigenen SUP-Boards wie bereits erläutert mit entsprechenden Kosten verbunden ist, ist es ratsam, zunächst mehrmals SUP gemacht zu haben (mit oder ohne Hund), um für sich herauszufinden, ob es die geeignete Sportart ist. Es gibt mittlerweile zahlreiche Verleihstationen, bei denen SUP-Boards ausgeliehen werden können. Wichtig: Nicht alle SUP-Verleihe gestatten, dass der Hund mit auf dem Board sein darf. Hierüber sollte man sich somit im Vorfeld unbedingt informieren, um böse Überraschungen zu vermeiden.

Die Planung vereinfacht sich, wenn Sie sich zunächst bei einem Kurs anmelden und/oder Ihr SUP-Board ausleihen, da Sie dann bereits auch ein Gewässer gefunden haben, auf welchem das SUP möglich ist.
Beachten Sie außerdem: Sowohl bei Mensch als auch bei Hund sollte eine gewisse körperliche Fitness vorhanden sein, da beim SUP der ganze Körper beansprucht wird.

WEITERE VARIANTEN

Sie können beim SUP mit Hund jede Menge Abwechslung erleben. Neue Gewässer oder Strecken bieten viel Variation. Tagestouren oder sogar Urlaubsreisen lassen sich wunderbar mit dem SUP verbinden.
Sie können SUP auch als Fitness-Workout oder zur absoluten Entspannung ausüben. Auch Yoga mit Hund ist auf dem SUP-Board möglich – Sie müssen ja nicht gleich mit den schwierigsten Übungen beginnen.

LINKS

- **Youtube:** Auf verschiedenen Youtube-Kanälen dreht sich alles rund um das Stand Up Paddeling, dort finden Sie auch Videos mit Tipps zu den Themen Paddel- und Fahrtechnik und vieles mehr. Empfehlenswerte Kanale sind u. a.
  SUP TV – Stand up Paddeling
  sup-mag
  SUPboarder (englisch)
- Blog zum Thema SUP mit Hund: *https://sup-hund.de/sup-hund-blog*
- Stand Up Paddeling Magazin: *https://www.sup-mag.de/*

BÜCHER

- SUP-Guides zu verschiedenen Regionen zum Beispiel *Bayrisches Alpenvorland*, Kettler Verlag

Bei Outdoor-Erlebnissen kann auch an der Impulskontrolle des Hundes gearbeitet werden.

NOCH MEHR Outdoor-Abenteuer mit Hund

„Wir können unendlich viele Abenteuer erleben, wenn wir sie nur mit offenen Augen suchen."

Jawaharlal Nehru

Die Möglichkeiten, ein kleines oder großes Outdoor-Abenteuer mit Hund zu erleben, sind nahezu unbegrenzt. Manche von den in diesem Buch vorgestellten Outdoor-Abenteuern haben Sie vielleicht bereits mit oder ohne Hund ausprobiert oder in ähnlicher Variante erlebt.

Gerade Erlebnisse, die ohne großen Aufwand und Zeitbedarf durchgeführt werden können, eignen sich ideal, um gemeinsam mit dem Vierbeiner eine Auszeit vom Alltag zu nehmen.

Ein Besuch im Wildpark, ein gemeinsamer Campingausflug oder bewusste Achtsamkeitspraxis unterwegs, können eine schöne Abwechslung bieten und das Leben bereichern.

Wildparkbesuch mit Hund

Teilnehmerzahl:
Ab 1 Mensch-Hund-Team

Vorbereitungsaufwand:
Gering

Aktivitätsdauer:
Flexibel

Material/Ausrüstung:
Ausrüstung und Verpflegung nach Bedarf

Achten Sie darauf, dass Hunde in der Regel in Wildparks an kurzer Leine geführt werden müssen.
Nicht in jedem Wildpark sind Hunde gestattet oder bestimmte Bereiche können für einen Besuch mit Hund tabu sein. Informieren Sie sich unbedingt vorab!

Ein Wildparkbesuch mit Hund bietet eine gute Gelegenheit, gemeinsam eine schöne Zeit zu verbringen. Es gibt für Mensch und Vierbeiner viel zu sehen und zu erleben. Wildparks beherbergen im Vergleich zu Zoos in der Regel heimische Wildtiere, die wesentlich artgerechter gehalten werden können.

Ob ein Wildparkbesuch für Ihr Mensch-Hund-Team geeignet ist, hängt unter anderem vom Trainingsstand Ihres Hundes ab. Gleichzeitig bietet soch ein Besuch eine gute Gelegenheit, um mit dem Hund beispielsweise Impulskontrolle, Frustrationstoleranz und anderes zu trainieren.

ABLAUF

Informieren Sie sich, wo sich in Ihrer Nähe Wildparks befinden. Das Wohl der dort lebenden Tiere sollte Ihnen am Herzen liegen, daher erkundigen Sie sich bitte nicht nur darüber, ob Hunde in den Park mitgenommen werden dürfen, sondern auch über die gehaltenen Tierarten, Gehegegrößen und die Philosophie des Parks. Bitte achten Sie unbedingt auf eine sorgfältige Auswahl des Wildparks, den Sie besuchen möchten. Die Haltungsbedingungen der Tiere unterscheiden sich von Park zu Park maßgeblich. Sie sollten diese kritisch hinterfragen. Wildparks mit einheimischen Wildtieren und entsprechend großen Gehegen sind zu bevorzugen.

Einige Wildparks fungieren als Auffangstationen für verletzte Wildtiere. Die Wildtiere, meistens Wildvögel, werden dort fachkundig gesund gepflegt und nach Möglichkeit wieder in die Natur entlassen. Darüber hinaus engagieren sich manche Parks im Bereich des Artenschutzes und bei Wiederansiedlungsprojekten. Leider gibt es auch Parks, bei denen die dort lebenden Tiere in viel zu kleinen Gehegen leben und nicht ihren Bedürfnissen entsprechend gehalten werden.

Schlussendlich muss jeder für sich selbst entscheiden, welche Art der Tierhaltung er für ethisch vertretbar hält. Die Beziehung zwischen Mensch und Tier ist ambivalent. Unsere Haustiere - wie unsere Hunde - werden häufig intensiv gepflegt, wohingegen andere Tierarten meist vorrangig als Nahrung, Kleidung oder zu Unterhaltungszwecken genutzt werden. Wie auch immer Ihre Einstellungen zu dem Thema Mensch-Tier-Beziehung sein sollte und wie Sie andere Tiere wahrnehmen, aus Respekt und Verantwortungsbewusstsein sollten Sie darauf achten, dass ein Mindestmaß bei der Tierhaltung in Parks, die Sie besuchen, eingehalten wird:

- Die Gehege müssen je nach Tierart, den klimatischen Bedingungen und der Struktur so gestaltet sein, dass die Tiere ihren artgemäßen Bedürfnissen so gut wie möglich gerecht werden können und ein relativ störungsfreies Sozialverhalten möglich ist. Hierzu ist eine angemessene Gehegegröße unbedingt erforderlich.

- Tiere, die der Natur entnommen wurden (Wildfänge), haben in einem Tierpark nichts zu suchen. Ausnahme bilden lediglich verletzte oder anderweitig in Not geratene Wildtiere, die gesund gepflegt und wieder in die Freiheit entlassen werden. Manchmal ist es nicht möglich, die Tiere wieder auszuwildern, zum Beispiel, wenn diese sich zu sehr an den Menschen gewöhnt haben oder in freier Wildbahn nicht überlebensfähig wären. In diesen Fällen sollte ihnen ein möglichst artgerechtes Leben innerhalb des Tierparks ermöglicht werden.
- Manche Tierarten können nicht ansatzweise artgerecht gehalten werden. Hierzu zählen Tiger, Eisbären, Elefanten und Menschenaffen. Überdenken Sie daher genau, ob Sie einen Park mit entsprechenden Tierarten besuchen möchten.
- Zeigen die Tiere stereotype Verhaltensweisen, ist davon auszugehen, dass sie nicht ihren Bedürfnissen entsprechend gehalten werden und leiden.

Viele Tierparks werben damit, dass sie sich an Zuchtprogrammen zur Arterhaltung beteiligen. Was sich zunächst ganz sinnvoll anhört, lohnt sich genauer zu betrachten: Bei den meisten Zuchtprogrammen handelt es sich um „Erhaltungszuchtprogramme", das heißt, die Tiere werden nur in wenigen Ausnahmefällen ausgewildert. Die Zucht zielt somit darauf ab, den Bestand der Tierart in Gefangenschaft zu sichern.

Wenn Sie keinen geeigneten Wildpark bei sich in der Nähe haben, besuchen Sie doch einfach die nächste Kuh- oder Pferdeweide.

Hierfür werden große Summen an Geld, auch Steuergelder, ausgegeben. Arterhaltungs- und Schutzprogramme im natürlichen Lebensraum der Tiere sind mit geringeren finanziellen Mitteln weitaus vielversprechender.

Wenn Sie einen Park ausfindig gemacht haben, den Sie mit Ihrem Hund besuchen möchten, gibt es ein paar Dinge, die Sie berücksichtigen sollten.

Im Wildpark angekommen haben Sie dafür Sorge zu tragen, dass Ihr Hund keine anderen Besucher und keine der dort lebenden Tiere belästigt. Aus diesem Grund ist es sinnvoll, den Hund an einer kurzen Leine zu führen, was in den meisten Parks auch vorgeschrieben ist. Schlepp- oder Rollleinen sind für den Besuch hingegen nicht geeignet.
Halten Sie im Zweifelsfall ein bisschen Abstand zu den Gehegen, sodass Ihr Hund die Tiere nicht erschrecken kann. Viele Tiere in Wildparks reagieren erstaunlich gelassen, selbst wenn sich ein bellender oder springender Hund an deren Gehege aufhält. Dennoch sollten Sie aus Rücksicht die anderen Tiere nicht unnötig stressen und die Nerven aller Beteiligten nicht überstrapazieren.

Je nachdem, welche Persönlichkeit Ihr Hund hat, wie sein individueller Entwicklungsstand ist und welche Erfahrungen er bisher gemacht hat, sollten Sie – wie bei allen anderen Aktivitäten – gut im Blick behalten, wie anstrengend ein Erlebnis, wie in diesem Fall ein Tierparkbesuch, sein kann. Entsprechende Ruhe- und Regenerationsphasen sind sinnvoll.

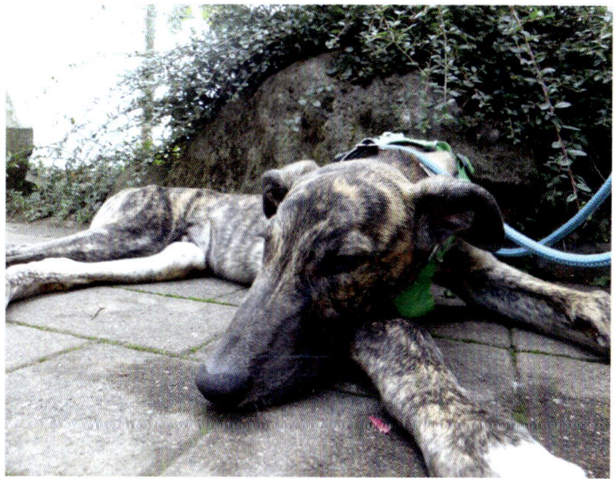

Ein Besuch im Wildpark macht müde.

PRAXISTIPPS

Nutztierparks, bei denen häufig alte Haustierrassen zu sehen sind, können ebenfalls ein schönes Ausflugsziel darstellen.
Wenn Sie das erste Mal mit Ihrem Hund einen Tierpark besuchen, ist es während der Woche im Regelfall wesentlich entspannter, da die Besucherzahlen, außer in Ferienzeiten, dann wesentlich geringer sind.

WEITERE VARIANTEN

Es gibt auch empfehlenswerte Freilichtmuseen, zu denen sich ein Ausflug mit Hund lohnt. Häufig finden Sie dort alte und vom Aussterben bedrohte Nutztierrassen, die früher weit verbreitet gewesen sind und heute aufgrund ihrer Eigenschaften und Leistungsfähigkeit kaum noch genutzt werden.

LINKS

- Zentrum für alte Haus- und Nutztierrassen e. V.
  www.arche-warder.de
- Haus- und Nutztierpark Lelkendorf
  www.haustierpark.com
- Haustierpark Werdum
  www.haustierpark-werdum.de

Camping mit Hund

Teilnehmerzahl:
Ab 1 Mensch-Hund-Team

Vorbereitungsaufwand:
Gering, sofern Sie die benötigte Ausrüstung bereits besorgt haben

Aktivitätsdauer:
Ab 1 Nacht bis zu einer längeren Campingtour ist alles möglich

Gelände:
Ausgewiesene Campingplätze, Naturlagerplätze, Wohnmobilstellplätze

Material/Ausrüstung:
Kurz gesagt: Sie benötigen alles, was Sie und Ihr Hund zum Leben brauchen: zum Schlafen, für Ihre Hygiene, zur Essenszubereitung. Von der Isomatte und dem Schlafsack sowie einem gemütlichen Schlafplatz für Ihren Hund, über den Campingkocher, Essgeschirr, Ihre Wasserversorgung – die Liste ist je nach Bedürfnissen, Campingort, -unterkunft und -dauer sehr lang. Planen Sie daher genau, was Sie für Ihren Ausflug benötigen. Nachfolgend soll jedoch kurz auf ein paar optionale, jedoch sehr sinnvolle Ausrüstungsgegenstände hingewiesen werden.

Optional:

- EU-Heimtierausweis (bei Reisen ins Ausland, achten Sie außerdem unbedingt auf die jeweiligen Einreisebestimmungen!)
- Hundehandtuch, Lappen, Hundebademantel
- Anlegepflock
- Hundefutter: So können Sie sichergehen dass Ihr Hund auch das, was er zuhause gerne frisst und verträgt, unterwegs bekommt.

Vielleicht fragen Sie sich gerade, was am Camping mit Hund ein spektakuläres Erlebnis sein soll? Alles! Camping bedeutet, 24 Stunden mit seinem Vierbeiner eng zusammen zu sein, verschiedene Situationen zu meistern und neue Erfahrungen zu sammeln. Wem die Übernachtung im Zelt nicht zusagt, für den gibt es genügend Alternativmöglichkeiten: Viele Campingplätze bieten mittlerweile kleine Wanderhütten, Bauwagen, Wohnzelte oder auch Caravans zur Miete an. Camping mit Hund lebt natürlich nicht nur von der naturnahen Übernachtung an sich, sondern von allem, was dazugehört: Sie richten sich Ihren Schlafplatz und den Ihres Hundes ein, sind

Camping ermöglicht viel Freiraum – und unendliche Gestaltungsmöglichkeiten. Abenteuer garantiert!

halter auf weniger attraktive Bereiche ausweichen müssen, auch hierzu sollten Sie sich im Vorfeld erkundigen.
Für einen Hund zahlt man auf vielen Campingplätzen eine Gebühr, manchmal campen Hunde auch kostenfrei. Es gibt Campingplätze, die sich speziell auf die Bedürfnisse von Hundehaltern eingerichtet haben und vom eingezäunten Freilauf, Hundekotbehältern bis hin zu Hundeduschen verschiedene Extras bieten.
Wenn Sie einen Campingplatz an einem See, Fluss oder am Meer besuchen möchten, achten Sie darauf, dass Sie Ihren Hund auch mit ans Wasser nehmen dürfen, das ist vielerorts nicht selbstverständlich.
Falls Sie Ihr Campingabenteuer in der Hochsaison planen, ist es ratsam, vorab einen Platz zu reservieren.

Alternativen zu einem Campingplatz bieten Wohnmobilstellplätze. Diese sind für eine Übernachtung mit Zelt im Regelfall nicht geeignet beziehungsweise ist dies dort nicht gestattet. Die Ausstattung kann sehr unterschiedlich sein, sodass manche Wohnmobilstellplätze lediglich aus einer Parkmöglichkeit bestehen, andere wiederum mit Versorgungssäule und Entsorgungsmöglichkeiten ausgestattet sind oder einen Anschluss an einen Campingplatz bieten.

Naturlagerplätze, auch Trekkingplätze genannt, liegen abseits vom Trubel inmitten der Natur. Hier finden Sie keinen großen Komfort, dürfen aber nach bestimmten Regeln eine oder mehrere Nächte zelten. Toilettenanlagen und Entsorgungsmöglichkeiten finden sich im Normalfall keine, manche der Plätze sind zudem nur zu Fuß erreichbar.

Oft sind Sie auch der einzige Gast. Für Naturliebhaber und Individualisten ein absoluter Traum, das Alleinsein inmitten der Natur ist jedoch nicht für jeden geeignet. Schätzen Sie daher realistisch ein, ob diese Form des Campings für Sie in Frage kommt. Naturlagerplätze müssen häufig ebenfalls reserviert werden.

UNTERKÜNFTE

Neben der Wahl, wo Sie überhaupt Ihr Camping-Abenteuer verbringen möchten, sollten Sie sich über die Art der Unterkunft Gedanken machen. Sie haben die Wahl zwischen verschiedenen Campingunterkünften je nach Budget, Geschmack und individuellen Bedürfnissen. Bei Mietunterkünften jeglicher Art achten Sie unbedingt darauf, dass auch Ihr Hund willkommen ist.

- **Zelt:**
  \+ *Kosten:* Im Vergleich zu Wohnwagen/Wohnmobil (auch Mietfahrzeugen) günstiger in der Anschaffung
  \+ *Aufbewahrung:* Lässt sich leicht auf- und abbauen und bei Nichtgebrauch aufbewahren
  \+ *Transport:* Sie können mit Ihrem Zelt auch mit öffentlichen Verkehrsmitteln zum Zielort reisen oder zu Fuß dorthin laufen.
  \+ *große Naturverbundenheit* (was gleichzeitig auch ein Nachteil sein kann)
  \- *Komfort:* Geringerer Komfort im Vergleich zu anderen Unterkunftsvarianten
  \- *Geringe Privatsphäre*
  \- *Im Vergleich größere Abhängigkeit bzgl. des Wetters* (achten Sie darauf, dass Ihr Zelt dicht ist!)

- **Wohnwagen/Wohnmobil:**
  \+ *Komfort:* Sie haben ein gemütliches Bett und je nach Ausstattung eine Küche und ein Bad im Fahrzeug.
  \+ *Mehr Privatsphäre*
  \+ *Weniger Abhängigkeit bzgl. des Wetters:* Im Wohnwagen bleibt es trocken, Sie können je nach Ausstattung außerdem den Wohnwagen klimatisieren.
  \- *Kosten:* Sehr hohe Anschaffungs- beziehungsweise Mietkosten
  \- *Aufbewahrung:* Falls Sie einen eigenen Wohnwagen haben, benötigen Sie einen geeigneten Stellplatz, wenn Sie nicht mit diesem unterwegs sind. Beim Mietwohnwagen hingegen stellt der Punkt Aufbewahrung einen Pluspunkt dar.
  \- *Transport:* Sie benötigen zum Ziehen des Wohnwagens ein geeignetes Fahrzeug mit Anhängerkupplung. Sowohl für das Fahren mit dem Wohnwagen als Anhänger als auch mit dem Wohnmobil brauchen Sie einen entsprechenden Führerschein (je nach Gewicht des Wohnwagens/Wohnmobils/Gespanns Führerscheinklasse B, BE, B96, C, C1, C1E oder CE beziehungsweise bei einem Führerscheinerwerb vor 1999 Klasse 3). Mit einem Wohnwagen sind Sie zudem wesentlich langsamer unterwegs.
  Das Fahren mit dem Wohnmobil ist im Vergleich zum Wohnwagen leichter, da Sie wendiger sind.
  Weitere Unterschiede zwischen Wohnwagen und Wohnmobil:
  In einem Wohnwagen ist im Vergleich zum Wohnmobil weniger Technik verbaut, wodurch er etwas zuverlässiger sein kann.
  Ihren Wohnwagen können Sie einfach auf dem Campingplatz

abstellen und mit Ihrem Fahrzeug Ausflüge machen, was günstig sein kann.

- **Glamping:**
Glamping bedeutet so viel wie „glamouröses Camping“, das heißt, dass verschiedene Annehmlichkeiten und ein gewisser Komfort dabei vorhanden sind. Die Unterschiede beim Glamping sind riesengroß, da die Unterkünfte verschiedener nicht sein könnten. Es gibt Baumhäuser, Safarizelte, mongolische Jurten, Wanderhütten, Mobilheime, ausgebaute und umfunktionierte Weinfässer und vieles mehr. Somit kann Glamping auch eine spannende Variante des Campings bieten, wenn Sie beispielsweise mit Ihrem Hund in einem Tipi übernachten.
Teilweise sind Glamping-Unterkünfte so gut ausgestattet wie eine Ferienwohnung oder ein Ferienhaus und es werden weitere Service-Dienstleistungen angeboten.

Sicherlich gehört das Zelten für viele eher zu den Erinnerungen aus Kindertagen und wird gleichzeitig mit wenig Komfort gleichgesetzt. Mit der richtigen Ausrüstung, zum Beispiel einer guten, aufblasbaren Isomatte, können Sie es sich jedoch auch in einem Zelt gemütlich machen. Maßgeblich ist natürlich auch, wie viele Nächte Sie campen möchten.

Bei der Wahl der Unterkunft spielt außerdem eine Rolle, ob Sie sich mehrere Nächte an einem Ort aufhalten oder an wechselnden Orten übernachten möchten. Mit einem Wohnwagen oder Wohnmobil haben Sie lediglich die Möglichkeit, mit diesem an einen neuen Übernachtungsplatz zu fahren. Sind Sie jedoch mit einem Zelt unterwegs, können Sie entweder mit Ihrem Gepäck bis zum nächsten Lager laufen oder Sie nutzen die an verschiedenen Wanderrouten angebotene Möglichkeit eines Gepäcktransfers. In der Regel findet man überwiegend Hotels und Pensionen, die in Verbindung mit einer oder mehreren gebuchten Übernachtungen Gepäcktransfer anbieten. Mittlerweile gibt es jedoch auch einige Campingplätze, die diesen Service anbieten.

Nicht unerheblich bei der Auswahl Ihrer Unterkunft ist auch die Jahreszeit. Sobald es kälter wird ist ein Wohnwagen oder Wohnmobil mit einer Heizmöglichkeit selbstverständlich bequemer, was jedoch nicht automatisch heißt, dass Sie dann auf das Campen mit einem Zelt verzichten müssen. Vieles ist eine Frage der richtigen Ausrüstung und Ihren eigenen Wünschen und Zielen. Die eigene Komfortzone zu verlassen, kann sehr spannend und bereichernd sein!

DIE AUSRÜSTUNG

Im Fachhandel finden Sie ein nahezu unerschöpfliches Angebot an Campingausstattung. Überlegen Sie genau, was Sie benötigen und was nicht. Wichtige Entscheidungskriterien sind unter anderem die Jahreszeit, in der Sie campen möchten, und ob Sie die Ausrüstung zu Fuß transportieren müssen. Fahren Sie den Ort, an dem Sie Ihr Lager aufschlagen, direkt an und gehen von dort aus wandern, kommen aber nach Ihren Tagestouren zurück zum Ausgangspunkt, um dort zu übernachten, hat das Gewicht der Ausrüstung keinen so hohen Stellenwert. Informieren Sie sich im Fachhandel und auf entsprechenden Internetseiten über diverse Ausrüstung.

EIGENE BEDÜRFNISSE UND DIE DES HUNDES

Zu den Vorüberlegungen gehört auch, sich mit der Frage zu beschäftigen, wie Ihre Bedürfnisse nach Hygiene, sozialen Kontakten, Erreichbarkeit etc. sind. Kommen Sie mit einer einfacheren Verpflegung zurecht oder möchten Sie die Möglichkeit haben, spontan etwas zum Essen einkaufen zu können oder essen zu gehen?

Die Bedürfnisse Ihres Hundes spielen eine ebenso große Rolle. Nicht für jeden Hund ist ein Campingausflug geeignet – ebenso wie auch nicht jeder Mensch seinen Gefallen daran findet. Benötigt Ihr Hund viel Struktur und Ruhe, können Sie Ihr Camping-Erlebnis mit einer entsprechenden Planung aber auch daran anpassen.

PRAXISTIPPS

Machen Sie, falls möglich, eine Probeübernachtung in der gewählten Unterkunftsart. Wenn Sie Zelten möchten macht es zudem Sinn, wenn Sie das Zelt vorab mindestens einmal auf- und abgebaut haben. Bei der Generalprobe, zum Beispiel im eigenen Garten, haben Sie die Möglichkeit, sich mit der Ausrüstung etwas vertraut zu machen, diese auf ihre Vollständigkeit hin zu über-

Ein Wohnmobil bietet genügend Platz zum Träumen.

prüfen. Ihr Hund hat ebenfalls die Gelegenheit, sich mit der ungewohnten Schlafsituation anzufreunden.

Wenn Sie das erste Mal mit Ihrem Hund einen Campingausflug machen, kann es sinnvoll sein, außerhalb der Ferienzeiten anzureisen. Die Campingplätze sind dann einfach leerer, Sie haben im Normalfall mehr Auswahlmöglichkeiten, was einen Stellplatz betrifft, und Ihr Hund ist nicht so vielen Reizen ausgeliefert.

WEITERE VARIANTEN

Eine kleine Campingauszeit können Sie sich auch im Alltag verschaffen, indem Sie einfach mal mit Ihrem Hund draußen schlafen. Hierfür bietet sich zum Beispiel ein (blickdichter) Balkon oder der eigene Garten an. Der Aufwand ist gering, Sie haben sowohl die Küche als auch die Sanitäranlagen in der Nähe und müssen keine Anreise hinter sich bringen. Ein kleines Alltags-Abenteuer unter dem Sternenhimmel ist garantiert!

LINKS

- Trekkingplatz in der Eifel www.trekking-eifel.de
- Knapp 20 wilde Übernachtungsplätze in Schleswig-Holstein: www.wildes-sh.de
- Trekkingplätze im Pfälzerwald: www.trekking-pfalz.de
- PiNCAMP, Campingportal vom ADAC: www.pincamp.de
- Blog über Reisen (mit dem Wohnmobil): www.blechkotheontour.de

BÜCHER

- **Michael Hennemann:** *Camping: Grundlagen · Ausrüstung · Praxistipps*, Conrad Stein Verlag, 2018

Kooperation macht das Zusammenleben leichter. Wenn Ihr Hund gelernt hat, mit Ihnen gut in Kontakt zu sein, ist dies nicht nur für Outdoor-Abenteuer eine Bereicherung.

Kooperations- und Aufmerksamkeitsspiele mit Hund

Teilnehmerzahl:
Ab 1 Mensch-Hund-Team

Vorbereitungsaufwand:
Gering

Aktivitätsdauer:
Sehr kurz, wenige Minuten

Gelände:
Überall durchführbar

Material/Ausrüstung:
Je nachdem, wie Sie das Spiel aufbauen möchten:

- ein paar Leckerchen,
- eventuell ein Spielzeug,
- eine Hundeleine.

In der Mensch-Hund-Beziehung sind wir Menschen darauf angewiesen, dass unsere Hunde mit uns in Kontakt treten, aufmerksam sind und mit uns kooperieren, sodass wir als gutes Team zusammen durch das Leben kommen. Aufmerksamkeit und Kooperation lassen sich auch im Alltag,

insbesondere bei einem gemeinsamen Spaziergang, einfach und effektiv fördern – und das kann jede Menge Spaß machen. Sie lernen dabei außerdem ganz nebenbei, Ihren Hund noch besser einzuschätzen und genau zu beobachten. Die gemeinsamen Übungen könnten somit auch als Teambuilding-Übungen bezeichnet werden.
In diesem Kapitel werden verschiedene Varianten von Aufmerksamkeits- und Kooperationsspielen vorgestellt, die Sie (nicht nur) unterwegs mit Ihrem Hund machen können.

ABLAUF

Bei allen Aufmerksamkeits- und Kooperationsübungen und -spielen geht es darum, dass Ihr Hund mit Ihnen in Kontakt tritt, Sie miteinander kommunizieren. Im Idealfall wird die Kooperationsfähigkeit Ihres Hundes gefördert. Viele Hunde bieten Kooperation an, wir müssen Ihnen jedoch auch eine Rückmeldung geben, dass dieses Verhalten erwünscht ist.
Im Hundetraining geht es bei solchen Übungen meist darum, dass der Hund mehr oder weniger von sich aus Kontakt mit seinem Menschen aufnimmt, ihn somit aktiv „anspricht" im Sinne einer Kontaktaufnahme durch Blickkontakt. Diese Übungen können Sie im Grunde überall durchführen und benötigen dafür kein Outdoor-Abenteuer. Meist trainieren Sie auch noch andere, im Zusammenleben von Mensch und Hund wichtige Kompetenzen Ihres Vierbeiners, zum Beispiel die Impulskontrolle und Frustrationstoleranz.

Aufgrund der simplen und facettenreichen Möglichkeiten, die Förderung von Kooperation und Aufmerksamkeit in Ihr Outdoor-Abenteuer mit zu integrieren, und der positiven Effekte, welche dies auf die eigene Mensch-Hund-Beziehung haben kann, sollen nachfolgend ein paar Möglichkeiten vorgestellt werden.

- **Variante 1**
  Sie benötigen lediglich ein Leckerchen oder ein Spielzeug, welches Ihr Hund gerne mag. Zu Beginn nehmen Sie Ihren Hund an die Leine. Sie zeigen ihm das Leckerchen beziehungsweise Spielzeug und legen dieses mit etwas Abstand zu Ihrem Hund auf den Boden. Achten Sie darauf, dass er nicht in der Lage ist, selbständig daran zu kommen – auch nicht, wenn er an der Leine ziehen sollte. Ihr Hund wird vielleicht versuchen, in Richtung des Leckerchens/des Spielzeugs zu ziehen, ausprobieren, ob er mit den Pfoten darankommen kann, und eventuell auch frustriert bellen.
  Sie warten ab, bis Ihr Hund auf die Idee kommt, Sie zu fragen. Schließlich halten Sie die Leine fest und es ist somit naheliegend, auf die Idee zu kommen, dass Ihr Hund sich bei einem Problem, das er nicht selbst lösen kann, an Sie wenden könnte. Je nach Hundepersönlichkeit und den bisherigen Lernerfahrungen kann es sein, dass er zunächst einmal verschiedene Strategien ausprobieren wird, um ohne Ihre Hilfe an das Objekt zu kommen. Sie üben sich währenddessen in Geduld und halten die Leine fest. Sobald Ihr Hund auf die Idee kommt, über einen Blick bei Ihnen „nachzufragen", erhält der die körpersprachliche Einladung von Ihnen, sich das Leckerchen/Spielzeug zu nehmen.

Sie können Ihrem Hund auch eine kleine Hilfestellung geben, wenn Sie merken sollten, dass er nicht auf die Idee kommt „nachzufragen". Am einfachsten ist es, wenn Sie sich etwas rückwärts oder seitwärts bewegen, wodurch Ihr Hund im Idealfall daran erinnert wird, dass Sie auch noch da sind.
Achten Sie darauf, dass er Sie beim Nachfragen über den Blickkontakt auch meint. Viele schlauen Vierbeiner schauen nämlich zunächst einmal beispielsweise auf die Hände Ihres Menschen um abzuchecken, ob es vielleicht noch mehr vom Objekt der Begierde zu holen gibt. Sie sollten sich tatsächlich von Ihrem Hund angesprochen fühlen.
Im Gegensatz zu einem Kommando wie zum Beispiel „Schau", soll der Hund bei dieser Variante selbst auf die Idee kommen, dass es sich lohnt, mit Ihnen in Kontakt zu treten.

- **Variante 2**
  Im Grunde in vielerlei Hinsicht relativ ähnlich ist diese zweite Variante: Sie halten ein Leckerchen oder etwas anderes, was für Ihren Hund attraktiv ist, etwa auf Hüfthöhe neben sich. Bei kleinen Hunden können Sie in die Hocke gehen und die Hand dann einfach direkt seitlich neben sich halten.
  Ihr Hund muss natürlich mitbekommen haben, dass Sie etwas in der Hand halten.
  Auch hier wird er versuchen daranzukommen, sofern das, was Sie in der Hand halten, für ihn attraktiv ist. Sie öffnen jedoch erst Ihre Hand und geben dem Hund das Leckerchen, wenn er Sie über einen Blick „gefragt" hat.

- **Variante 3**
  Sie geben Ihrem Hund ein nettes Feedback, wenn er in verschiedenen Situationen selbst drauf kommt, zu Ihnen Kontakt aufzunehmen. Solche Situationen können unterwegs zum Beispiel sein:

  - Ihr Hund läuft vor und bleibt stehen, um Sie anzuschauen.
  - Ihnen kommt jemand entgegen – Ihr Hund schaut Sie an.
  - Ihr Hund möchte irgendwo rein/raus/runter und schaut Sie fragend an.

  Ein positives Feedback kann ganz unterschiedlich aussehen: ein netter Blickkontakt, verbale Bestätigung, eine kurze Streicheleinheit oder auch ein Leckerchen – es kommt ganz auf die Situation und Ihr Mensch-Hund-Team an. Sie können entweder Situationen

aufgreifen, in denen Ihr Hund von sich aus Kontakt zu Ihnen aufnimmt oder Sie schaffen bewusst Situationen, in denen Sie darauf warten, dass er „nachfragt".

Hierzu ein Beispiel: Stellen Sie sich vor, Sie sind mit Ihrem Hund an der Leine unterwegs. Sie bleiben stehen. Ihr Hund versucht vielleicht noch weiterzukommen, schaut sich in der Gegend um und kommt dann aber auf die Idee, mal nachzufragen, was denn los ist. Voilà, schon haben Sie eine Situation geschaffen, in der Sie ihm eine nette Rückmeldung geben können.

Kooperation und Aufmerksamkeit zu fördern heißt nicht, dass sich dadurch alle potenziellen Schwierigkeiten und Erziehungsthemen aufklären lassen. Sie können jedoch dazu beitragen, eine wesentlich harmonischere und entspanntere Mensch-Hund-Beziehung zu erreichen. Das soll nicht bedeuten, dass Sie ständig und überall darauf warten sollen oder Situationen schaffen müssen, in denen Ihr Hund Kontakt anbieten muss. Wie immer geht es darum, sinnvoll und situativ zu entscheiden. Die Förderung von Kooperation und Aufmerksamkeit geschieht eher nebenbei.

Nasenarbeit

Teilnehmerzahl:
Ab 1 Mensch-Hund-Team

Vorbereitungsaufwand:
Gering – mittel
Wie hoch der Vorbereitungsaufwand ausfällt hängt unter anderem von den Fähigkeiten Ihres Hundes ab.

Aktivitätsdauer:
Zumeist ein paar Minuten

Gelände:
Überall durchführbar

Material/Ausrüstung:
Je nach Variante:
- Hundegeschirr
- Schleppleine
- Leckerchen
- Sprühflasche mit Würstchenwasser oder einem anderen, für Ihren Hund geruchlich attraktiven Inhalt
- Schnur
- Getrocknetes Rinderohr oder Ähnliches

Nasenarbeit in jeglicher Art ist bei nahezu jedem Hund sehr beliebt! Egal, ob Sie ein Leckerchen im Laub verstecken und den Hund dieses suchen lassen, sein Spielzeug verbergen oder aber eine Fährte legen – die Variationen und Schwierigkeitsgrade sind endlos.

Der Hund kann bei der Nasenarbeit seine natürlichen Fähigkeiten nutzen. Je nachdem, welche Variante Sie dabei wählen, ist der Aufwand sehr gering. Sie können einen normalen Spaziergang mit etwas Nasenarbeit für Ihren Hund vielleicht noch schöner gestalten. Die hier vorgestellten Möglichkeiten dienen lediglich dazu, gemeinsam mit Ihrem Hund in die Welt der Nasenarbeit einzutauchen und sind nicht zur Vorbereitung auf Wettkämpfe und Prüfungen, die es in verschiedenen Bereichen wie zum Beispiel der Fährtenarbeit gibt, geeignet. Der Spaß steht im Vordergrund und so liegt der Fokus hier nicht darauf, seinen Hund zum perfekten Suchhund auszubilden.

Nasenarbeit können Sie bei jedem Outdoor-Abenteuer mit Hund ohne großen Aufwand integrieren.

GERUCHSWAHRNEHMUNG VON HUNDEN

Um die Geruchswahrnehmung von Hunden besser zu verstehen, muss man wissen, dass Hunde auf zwei verschiedene Arten Gerüche aufnehmen können.

1. **Geruchswahrnehmung über das Mund-Riechorgan (Vomeronasalorgan = VNO, auch Jacobson'sches Organ genannt) am Gaumen:** Die Wahrnehmung über das VNO beginnt möglicherweise bereits im Uterus, spätestens nach der Geburt ist das VNO gut ausgeprägt. Ungefähr zu dem Zeitpunkt, an dem Ihr Hund seine Geschlechtsreife erreicht hat, ist die maximale Empfindlichkeit des VNO abgeschlossen. Besonders empfindlich reagiert das VNO nicht auf leichte, flüchtige Duftstoffe, die durch die Nase aufgenommen werden, sondern auf schwerere Geruchspartikel aus der Mundhöhle. Dabei handelt es sich besonders um Pheromone.

2. **Riechen über die Geruchssinneszellen der Regio olfactoria (Riechschleimhaut bzw. das Riechepithel) in der Nase:** Schon ein paar Stunden nach der Geburt können Welpen einzelne Duftkomponenten von leicht flüchtigen Duftstoffen bemerken. Diese Fähigkeit steigert sich kontinuierlich. Das Riechepithel ist in der Regel am Ende des vierten oder fünften Lebensmonats voll ausgereift. Hunde sind in der Lage, ihre Differenzierungsfähigkeit von Geruchsstoffen ihr Leben lang zu verbessern.

FÄHRTENARBEIT FÜR ANFÄNGER

Für den Einstieg in die Fährtenarbeit ist es nicht unbedingt notwendig, einen Kurs in einer Hundeschule zu besuchen. Es sei denn, Sie möchten lieber unter Anleitung gemeinsam in einer Gruppe erste Erfahrungen mit Ihrem Hund in der Fährtenarbeit sammeln oder planen professionell in diese Arbeit einzusteigen. Zu Beginn benötigen Sie:

- **eine Schleppleine:** Am Anfang reicht meist auch eine normale, nicht zu kurze Leine aus. Um Ihrem Hund bei der Suche jedoch mehr Freiraum lassen zu können, ist eine 5–10 Meter lange Schleppleine sinnvoll, spätestens dann, wenn er längere Fährten sucht.
- **ein Hundegeschirr:** Da Ihr Hund bei der Fährtenarbeit an der Leine zieht, eignen sich besonders spezielle Suchgeschirre. Achten Sie vor allem darauf, dass das Geschirr die Bewegungsfreiheit des Hundes nicht einschränkt, nicht scheuert, gepolstert ist und gut sitzt.
- **Leckerchen**, zum Beispiel kleine Fleisch- oder Käsestückchen und/oder eine Sprühflasche mit Würstchenwasser und/oder ein getrocknetes Rinderohr oder Ähnliches, gerne an einer Schnur

befestigt: Was Sie benötigen hängt davon ab, welche Art von Spur Sie für Ihren Hund legen möchten.

Zu Beginn suchen Sie sich am besten eine Wiese, auf der Sie Ihre erste Fährte für Ihren Hund legen. Eine besonders stark frequentierte Hundewiese ist aufgrund der hohen Ablenkung und der vielen Gerüche nicht empfehlenswert. Die ersten Fährten machen Sie jeweils nur wenige Meter lang und gehen dabei einfach geradeaus.

Sie haben verschiedene Möglichkeiten, eine Fährte zu legen. Sie gehen wenige Meter in kleinen Schritten geradeaus und ziehen dabei sogar eventuell Ihre Füße etwas über den Boden, dabei

- verteilen Sie ein paar Leckerchen auf Ihrer Spur und/oder legen nur am Ende Ihrer Spur ein paar Leckerchen aus und/oder Sie nutzen eine Sprühflasche und besprühen die Fährte, die Sie laufen, mit dem Würstchenwasser und/oder Sie ziehen ein Stück Rinderohr an einer Schnur hinter sich her. Die Schnur dient lediglich dazu, es sich etwas bequemer zu machen. Alternativ können Sie den „Geruchsstoff" natürlich auch über den Boden ziehen, während Sie sich bücken.

Am Anfang und am Ende der Fährte trampeln Sie ruhig etwas auf der Stelle herum und verteilen noch etwas mehr „Geruchsstoff".

Achten Sie beim Legen der Spur darauf, dass Sie auf dem Rückweg entweder den identischen Weg auf der Fährte zurücklaufen oder, besser noch, einen großen Schritt am Ende der Fährte aus dieser heraus machen und in einem Bogen zu Ihrem Hund zurücklaufen.

Machen Sie es Ihrem Hund am Anfang leicht, schließlich muss er erst einmal herausfinden, was Sie von ihm erwarten. Daher ist es absolut in Ordnung, wenn Ihr Hund zusieht, wie Sie die ersten Fährten legen. Das hat auch den Vorteil, dass Ihr Vierbeiner neugierig ist, was Sie da gerade machen, und wahrscheinlich von ganz alleine mit der Suche beginnt, sobald Sie ihn zur Startposition, dem Abgang der Fährte, führen.

Nachdem Sie die Fährte vorbereitet haben, können Sie auch noch ein bisschen warten, so dass sich die Geruchspartikel noch besser verteilen. Sie nehmen Ihren Hund am Geschirr an die Leine und gehen mit ihm gemeinsam zum Start der Fährte. Lassen Sie ihn nun dort den Geruch aufnehmen und der Fährte folgen. Sie können auch beginnen, ein Kommando damit zu verbinden, zum Beispiel „Such" oder „Fährte". Sollte Ihr Hund nicht selbst auf die Idee kommen los zu suchen, helfen Sie ihm einfach ein bisschen dabei. Dafür können Sie einfach selbst mit der Suche beginnen, mit Ihren Händen den Boden absuchen und Ihren Hund dabei ermuntern, gemeinsam mit Ihnen die Fährte aufzuspüren.

Wenn etwas Wind ist kann es auch sein, dass Ihr Hund gar nicht direkt auf der Fährte, sondern etwas versetzt dazu daneben läuft. Das hat dann damit zu tun, dass die Duftmoleküle durch den Wind noch mehr verteilt werden.

Findet Ihr Hund das Ende der Fährte, sollten Sie ihn loben. Sie können auch am Ende der Fährte ein besonderes Leckerchen für ihn platzieren.

Sobald Ihr Hund das Prinzip gut verstanden hat, können die Anforderungen langsam gesteigert werden. Sie können die Fährte verlängern, Wendungen und Abzweigungen einbauen oder Verleitungen, also Ablenkungen, auf der Strecke integrieren. Achten Sie nur darauf, nicht zu schnell vorzugehen, um Ihren Hund nicht zu überfordern.

EINFLUSSFAKTOREN AUF DEN GERUCH EINER FÄHRTE

- **Bodenverletzungen:** Wenn Sie über eine Wiese laufen, wird dabei beispielsweise die Vegetation verletzt und Grashalme abgeknickt. Der Boden wird an den Stellen, auf die Sie treten, komprimiert. Durch Fäulnisprozesse und Gärung entstehen gasförmige Geruchsstoffe, an denen sich viele Hunde orientieren. Selbstverständlich braucht es einen Augenblick, bis diese Prozesse in Gang gesetzt sind und sich der Geruch entfalten kann. Nach ca. 20 bis 30 Minuten ist dieser meist am intensivsten.
- **Fährtenart:** Es gibt viele verschiedene Arten von Fährten, zum Beispiel menschliche oder tierische Fährten. Bei der Fährtenarbeit selbst gibt es außerdem verschiedene Möglichkeit Fährten zu legen.
- **Zeit:** Eine Fährte verändert mit ihrem Alter den Geruch.
- **Witterung:** Bei Wind werden Geruchspartikel verweht, je höher die Außentemperatur ist, desto schneller altert die Fährte usw.
- **Bodenuntergrund:** Wie schwierig es für einen Hund ist, einer Fährte zu folgen, wird auch vom Bodenuntergrund, der Bodenbeschaffenheit, beeinflusst. Auf einer Wiese oder einem Waldboden lässt sich für den Hund eine Fährte wesentlich leichter verfolgen als auf einem Kies- oder sogar Asphaltweg.

VIELSEITIGE SCHNÜFFELSPIELE

Unterwegs bieten sich viele Möglichkeiten, ein paar Leckerchen, das Lieblingsspielzeug oder einen Futterbeutel zu verstecken.

Gute Verstecke sind beispielsweise

- **im Laub**
- **in einer höheren Wiese**
- **an oder auf einem Baum:** Höher gelegene Verstecke sind für die meisten ungeübten Hunde etwas schwieriger zu entdecken, da Sie meistens zunächst am Boden suchen. Achten Sie darauf, dass das Versteck nicht zu hoch liegt und Ihr Hund gegebenenfalls auch die Möglichkeit hat, selbst daran zu kommen. Weiche Leckerchen lassen sich auch einfach zwischen die Rinde eines Baumes drücken, andere gute Verstecke sind zum Beispiel auch Asthöhlen. Tief hängende Äste eignen sich ebenfalls oft gut, um daran oder darauf etwas zu verstecken.

Zu Beginn macht es, wie bei der Fährtenarbeit, nichts, wenn Ihr Hund Sie beobachtet, wenn Sie etwas verstecken. Möchten Sie den Schwierigkeitsgrad jedoch erhöhen, sollten Sie das Futter in einem unbemerkten Moment verstecken und Ihren Hund anschließend auf die Suche schicken.

DER GERUCHSSINN - MENSCH VERSUS HUND

Der Geruchssinn des Hundes ist dem unseren weitaus überlegen, dies hat sehr viele verschiedene Gründe.
Ganz allgemein betrachtet ist die Hundenase ungefähr je nach Rasse und Individuum einhunderttausend bis eine Millionen Mal empfindlicher als die Nase eines Menschen. Zu den erfolgreichsten Schnüfflern unter den Hunden gehören Bloodhounds.

Das Riechhirn, also der Bereich des Gehirns, der vereinfacht ausgedrückt für die Verarbeitung von Gerüchen zuständig ist, ist beim Hund fast siebenmal größer als beim Menschen (ca. 33 % des Hundegehirns verarbeiten Gerüche, beim Menschen sind es 5 %). Die Riechschleimhaut eines Hundes hat 125 bis zu 300 Millionen Riechzellen, wir Menschen schneiden in diesem Vergleich mit ca. 5 Millionen Riechzellen schlecht ab.

Es gibt weitere Faktoren, die die Geruchsleistung beeinflussen. So haben Hunde ca. 100 bis zu 150 Riechhaare pro Riechzelle, Menschen nur 6–8. Hunde sind außerdem im Gegensatz zum Menschen dazu in der Lage, Ihre Nasenlöcher unabhängig voneinander zu bewegen.

Was die Konzentration von Stoffen betrifft, können Hunde niedrige Konzentrationen wie ein Teil einer Trillionen erschnüffeln, für Menschen liegt die niedrigste Konzentration immerhin bei 1 von 1 Milliarde.

Dieser Vergleich sollte jedoch nicht dazu führen anzunehmen, dass wir Menschen schlecht riechen. Menschen sind dazu in der Lage, 1000 Milliarden verschiedene Gerüche zu erkennen. Außerdem sind wir ebenso in der Lage, durch Training unsere Geruchsleistung zu verbessern. Ein gutes Beispiel hierfür sind Sommeliers oder Parfümkenner, die durch regelmäßiges Üben ein immer „feineres Näschen" bekommen können.

PRAXISTIPPS

Achten Sie bei Nasenarbeit immer darauf, Ihren Hund nicht zu überfordern. Selbstverständlich arbeiten die meisten Hunde gerne mit der Nase, dies sollte aber nicht dazu führen, ihn zu überfordern. Vor allem an heißen Tagen sollten Sie darauf achten, Ihren Hund nicht zu überstrapazieren. Schon nach kurzer Sucharbeit kann sich aufgrund der Anstrengung seine Körpertemperatur um circa ein Grad erhöhen.
Bei jeglicher Nasenarbeit sollten Sie immer dafür sorgen, dass Ihr Hund etwas trinken kann.

WEITERE VARIANTEN

Generell gibt es viele Möglichkeiten, seinen Hund mit Nasenarbeit zu beschäftigen. Im Zusammenhang mit Outdoor-Abenteuern sollten Sie es jedoch nicht übertreiben. Ein gemeinsamer Spaziergang oder eine Wanderung ohne zusätzliche weitere Aufgaben für den Hund ist für die meisten Hunde absolut ausreichend.

Selbstverständlich spricht nichts dagegen, bei einem längeren Spaziergang oder auch einer Wanderung seinen Hund auch gezielt etwas mit der Nase arbeiten zu lassen, es sollte jedoch nicht dahingehend ausarten, dass Ihr Hund überstrapaziert und dauerbeschäftigt wird. Vor allem bei Hunden, die dazu neigen schnell ein hohes Erregungslevel zu erreichen, ist die Dosis wichtig.

Eigenständige Varianten, die zum Teil in- und outdoor durchgeführt werden können, sind Beispielsweise Mantrailing (Personensuche), Gegenstandssuche und verschiedene Formen der Geruchsdifferenzierung.

BÜCHER

Allgemeine Informationen zum Thema Nasenarbeit:

- **Prof. Dr. Frank Rosell:** *Die Welt der Gerüche: Spezial-Spürhunde im Einsatz,* Kynos Verlag, 2017
- **Alexandra Horowitz:** *Hund – Nase – Mensch: Wie der Geruchssinn unser Leben beeinflusst,* Kynos Verlag, 2017

Vor allem, wenn Ihr Hund gerne buddelt, können Sie auch mal etwas unterirdisch verstecken.

Bewegungstraining mit Hund

Teilnehmerzahl:
Ab 1 Mensch-Hund-Team

Vorbereitungsaufwand:
Gering

Aktivitätsdauer:
Beliebig

Gelände:
Überall durchführbar, bei manchen Übungen benötigen Sie jedoch bestimmte Voraussetzungen wie beispielsweise einen geraden, eher weichen Bodenuntergrund

Material/Ausrüstung:
Je nach Bedarf und geplanter Aktivität, im Normalfall lediglich ein paar Leckerchen

Bei allen Outdoor-Abenteuern ist ein gewisses Maß an körperlicher Fitness bei Mensch und Hund eine Voraussetzung. Vor allem nach einer Pause von längeren Spaziergängen oder Wanderungen, die zum Beispiel im Winter schnell entstehen kann, sollten Sie darauf achten, als Mensch-Hund-Team die nötige Fitness und Kondition zu besitzen. Ihren Hund können Sie leider nicht dazu fragen, wie fit er sich fühlt oder ab wann für ihn eine Aktivität zu anstrengend wird. Sie müssen daher sein Verhalten genau beobachten. Manche Hunde kennen kein Ende und gehen auch über ihre körperlichen Grenzen weit hinaus, selbst bei Schmerzen. Dies trifft natürlich auch für Menschen zu. Sie können aber selbst entscheiden, welche Aktivität Sie ausführen möchten, und welche nicht. Ihr Hund bekommt diese Entscheidung im Regelfall ja zunächst von seinem Menschen abgenommen.

Beim Bewegungstraining werden gezielt verschiedene Komponenten, die für einen gesunden, harmonischen Bewegungsablauf wichtig sind, einzeln oder zusammen trainiert. Bestandteile dabei sind die Ausdauer, Flexibilität, Stärke und Balance. Damit sollen Verletzungen und Gelenkerkrankungen vermieden oder vorgebeugt werden.

VIELFÄLTIGE MÖGLICHKEITEN

Es gibt einige Vorbereitungsmaßnahmen und Übungen, die Sie nutzen können, um Ihren Hund mobil und beweglich zu halten und Ausdauer und Kondition zu stärken. Bei einigen der vorgestellten Ideen stärken Sie auch Ihre eigene Fitness.

AUSDAUER STÄRKEN

Vor allem beim Bergwandern mit großen Höhenunterschieden ist es wichtig, dass das Herz-Kreislauf-System fit ist und Sie und Ihr Hund etwas Kondition besitzen. Starten Sie zunächst mit kleineren Touren und steigern Sie dann langsam die Anforderungen.

WARMLAUFEN

Bevor Ihr Hund richtig Gas geben darf, sollten Sie ihn im Schritttempo, gegebenenfalls auch in gesteigerter Frequenz, neben sich herlaufen lassen. So wie Sie, bevor Sie joggen gehen, sich im Idealfall aufwärmen, ist es für Ihren Hund im Hinblick auf Verletzungsrisiken ebenfalls von Vorteil, sich warm zu machen.

Sie können sich auch gemeinsam mit Geschwindigkeitswechseln warmlaufen.

ÜBER HÜRDEN GEHEN

Diese Übung ist geeignet, um die Muskulatur aller 4 Beine zu trainieren. Durch die langsame Durchführung der Übung werden auch Balance, Koordination und Konzentration geschult. Insbesondere hektische, dynamische Hunde kann eine solche Übung gemeinsam mit ihrem Menschen dabei unterstützen, zu entschleunigen.

Sie benötigen keine besondere Ausrüstung für diese Aufgabe, da die Natur genügend Materialien hierfür bereitstellt. Suchen Sie zunächst einmal 3–5 relativ flache Hindernisse, sehr gut geeignet sind beispielsweise einfache Äste. Sie legen diese nun je nach Größe Ihres Hundes ungefähr eine Hundelänge voneinander entfernt nebeneinander auf den flachen Boden.

Nun führen Sie Ihren angeleinten Hund über die Hindernisse, achten Sie besonders darauf, dass er nicht darüber springt, sondern nur darüber steigt. Machen Sie die Übung langsam und versuchen Sie zu erreichen, dass Ihr Hund keine der Hürden berührt.

Diese Übung bietet zahlreiche Variationsmöglichkeiten, je nach Fitness- und Gesundheitszustand Ihres Hundes können Sie die Hürden zum Beispiel näher aneinanderlegen oder etwas erhöhen. Achten Sie bei der Auswahl der Hürden darauf, diese entsprechend der Hundegröße auszuwählen. Für einen Chihuahua ist ein dickerer Ast unter Umständen schon zu hoch, um noch gut darüber steigen zu können.

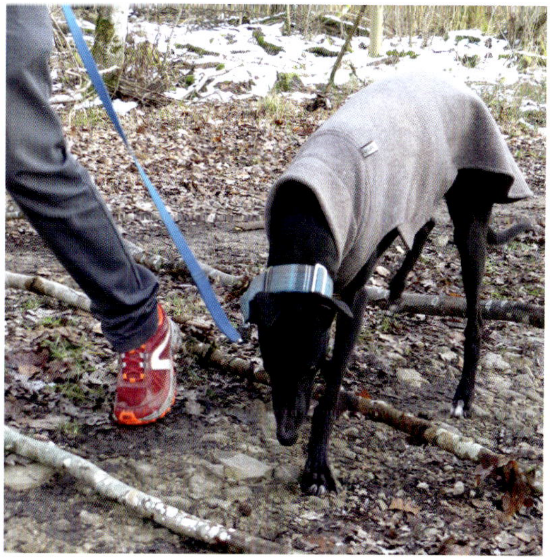

STRETCHING

Es gibt verschiedene Dehnübungen, die Sie unterwegs mit Ihrem Hund machen können. Mit der hier beschriebenen Übung können Sie die komplette Rückenmuskulatur Ihres Hundes dehnen. Sollte Ihr Hund Schwierigkeiten mit der Wirbelsäule haben, klären Sie zunächst mit Ihrem Tierarzt oder Hundephysiotherapeuten ab, ob diese Übung auch für Ihren Hund geeignet ist.

Sich zu dehnen tut nicht nur uns Menschen gut.

Bringen Sie Ihren Hund ins Sitz, dabei ist es nicht wichtig, ob er vor oder neben Ihnen sitzt. Achten Sie lediglich darauf, dass Ihr Hund geradeaus schaut und seinen Kopf nicht seitlich wegdreht. Halten Sie nun ein Leckerchen über seine Nase und führen dieses senkrecht nach oben, so dass sich Ihr Vierbeiner danach streckt. Ihr Hund sollte dabei nicht aufspringen, sondern sich lediglich soweit strecken, wie möglich. Im Idealfall lassen Sie Ihren Hund diese Position 20 Sekunden halten, in der Regel ist dies jedoch gar nicht so einfach. Nehmen Sie sich also nicht zu viel vor. Wenn Ihr Hund am Anfang die Dehnung nur für einen kurzen Moment halten kann, ist dies absolut in Ordnung. Sie können die Dauer der Dehnung langsam steigern.

BALANCIEREN

Fast jeder Hundehalter hat seinen Hund schon einmal über einen Baumstamm balancieren lassen. Außer dem Spaßfaktor kann diese Übung die Körperbalance, Konzentration, Koordination Ihres Hundes fördern und seine Hinter- und Vorderhand trainieren.

Suchen Sie sich einen geeigneten Baumstamm. Achten Sie darauf, dass dieser nicht zu rutschig ist, im Idealfall eignen sich Stämme mit grober Rinde besonders gut. Lassen Sie Ihren Hund nun über den Baumstamm balancieren. Dabei geht es nicht darum, dass Ihr Hund möglichst schnell darüber laufen soll, eher das Gegenteil ist der Fall.

Meist ist es zu Beginn einfacher, den Hund zunächst vor dem Baumstamm ins Sitz zu bringen, anzuleinen und dann unter Ihrer Führung und Anleitung ruhig über den Baumstamm zu führen.
Sie können auch bei dieser Übung den Schwierigkeitsgrad leicht steigern. Am Anfang suchen Sie sich dicke Baumstämme aus, sobald Ihr Hund diese Übung darauf gut beherrscht, können Sie dazu übergehen, immer schmalere Baumstämme zu nutzen.

SCHWIMMEN ODER WASSERTRETEN

Schwimmen bietet für Mensch und Hund eine sehr gute Möglichkeit, schonend Muskeln aufzubauen und die Fitness zu stärken. Grundvoraussetzung ist natürlich, dass Sie ein Gewässer in Ihrer Nähe haben,

wo Sie beziehungsweise Ihr Hund oder Sie gemeinsam schwimmen können. Sollte Ihr Hund Wasser nicht mögen, zwingen Sie ihn bitte nicht, sich ins Wasser zu begeben – es gibt schließlich auch viele andere Möglichkeiten zu trainieren.

Ob Sie nun gemeinsam mit Ihrem Hund Bahnen im See ziehen, Sie ihn etwas aus dem Wasser apportieren lassen oder zunächst einfach gemeinsam durchs Wasser waten – machen Sie das, was Ihnen und Ihrem Hund zusagt und achten Sie auf das Maß.

Beweglichkeitstraining mit Hund ist vielseitig. Viele Übungen, die sinnvoll sein können, sind Ihnen sicherlich bereits auch schon bekannt, ohne dass Sie sich bisher Gedanken darüber gemacht haben, dass diese gut für den Bewegungsapparat Ihres Hundes sind.

Wenn Sie Ihren Hund Slalom laufen lassen, trainieren Sie unter anderem die Beweglichkeit seines Rückens, beim Pfötchengeben wird die Muskulatur der Vorderbeine und die Balance trainiert, lassen Sie Ihren Hund gezielt rückwärtslaufen, werden der lange

Rückenmuskel sowie Beuger und Strecker der Hinterhand angesprochen.

Welches Training und welche Übungen sinnvoll sind, hängt immer vom Individuum ab. Prävention ist jedoch immer empfehlenswert. Wenn Sie somit gezielt Ihren Fokus darauf lenken, die Beweglichkeit Ihres Hundes zu trainieren, ist dies empfehlenswert und kann dazu beitragen, dass Ihr Hund lange vom Bewegungsapparat her gesund bleibt. Schwachstellen oder Veränderungen am Bewegungsapparat fallen Ihnen außerdem eventuell eher auf, wenn Sie bei einer Übung auf einmal feststellen, dass Ihr Hund seine Beine nicht gleichmäßig belastet oder sich nicht mehr wie gewohnt strecken kann.

Bei gesundheitlichen Problemen müssen diese immer zunächst aus tierärztlicher Sicht abgeklärt werden.
Schlimmstenfalls können Sie ansonsten nämlich auch durch falsches Training die Schwierigkeiten vergrößern.
Gute Hundephysiotherapeuten können Sie im Hinblick auf ein gezieltes Bewegungstraining Ihres Hundes individuell beraten, was vor allem bei einem Hund mit bereits vorhandenen körperlichen Schwierigkeiten oder Schwachstellen sinnvoll ist.

BÜCHER

- **Sabine Mai:** *Physiotherapie und Bewegungstraining für Hunde: Rehabilitation, Massage und Hundesport,* Sonntag Verlag, 2015
- **Tanja Petrick, Kerstin Gey, Jan Mohr, Sascha Winkler:** *Fit mit Hund: Gemeinsam - aktiv – gesund,* Heel Verlag, 2016

Achtsamkeit und Entspannung unterwegs mit Hund

Teilnehmerzahl:
Ab 1 Mensch-Hund-Team

Vorbereitungsaufwand:
Gering

Aktivitätsdauer:
Beliebig

Gelände:
Überall durchführbar, aber ein schöner, ruhiger Platz in der Natur ist empfehlenswert

Material/Ausrüstung:
Je nach Bedarf und geplanter Aktivität
Sitzkissen und/oder Picknick-/Liegedecke

„Achtsamkeit bedeutet, dem Augenblick bewusst Aufmerksamkeit zu schenken.“

Jon Kabat-Zinn

Gerade bei Outdoor-Abenteuern mit Hund bietet es sich an, zwischendurch zur Ruhe zu finden und zu entspannen. Das tut nicht nur unserem Körper und Geist gut, sondern sorgt auch ganz nebenbei dafür, dass sich diese gelöste Stimmung auch auf unsere Vierbeiner übertragen kann. Jeder, der schon einmal bewusst erlebt hat, wie schnell sich die Stimmung auf den eigenen Hund übertragen kann, weiß, wie wichtig das

Thema Stimmungsübertragung gerade auch im Umgang mit dem Hund ist. Ein gelassener Mensch hat wesentlich größere Chancen, auch einen gelassenen Hund an seiner Seite zu haben. Gerade bei der Bewältigung von Konfliktsituationen kann Achtsamkeitstraining sehr hilfreich sein!

Mit Achtsamkeit wird ein Bewusstseinszustand bezeichnet, der es ermöglicht, innere und äußere Erlebnisse ohne Vorurteile wahrzunehmen.

ABLAUF

Um auf Ihrem Spaziergang oder bei einem anderen Outdoor-Abenteuer etwas Achtsamkeitstraining zu praktizieren, müssen Sie nichts vorbereiten. Ganz im Gegenteil: Die Achtsamkeitspraxis hat den entscheidenden Vorteil, dass Sie sie einfach ohne zusätzlichen Zeitaufwand in Ihren Alltag integrieren können.

Es gibt verschiedenste Möglichkeiten, Achtsamkeitsübungen durchzuführen. Sie stehen dabei im Fokus, Ihr Hund ist lediglich mit dabei. Dennoch sollten Sie den positiven Effekt, den Ihre eigene Achtsamkeit auf Ihren Hund haben kann, keinesfalls unterschätzen. Gerade sehr aufgeregte, unruhige Hunde profitieren maßgeblich davon, wenn Sie als Halter ausgeglichen und „ganz bei sich" sind. Meiner Erfahrung nach ist es oft erstaunlich, wie schnell eine Veränderung bei den Hunden sichtbar wird, wenn Ihre Menschen sich einmal ganz auf ihre eigene Wahrnehmung konzentrieren. Daher ist

Gerade aufgeregte und hibbelige Hunde profitieren von der Achtsamkeitspraxis. Wenn es Ihnen gelingt, Ihre Stimmung auch auf Ihren Hund zu übertragen, können Sie gemeinsam besser entspannen.

Achtsamkeitspraxis auch im Umgang mit herausfordernden Situationen mit dem eigenen Hund absolut empfehlenswert.

Sie müssen keine stundenlangen Meditationen durchführen, um einen effektiven Weg der Stressbewältigung zu finden. Durch regelmäßige Achtsamkeitspraxis im Alltag können Sie dafür sorgen, dass Sie ausgeglichener, glücklicher und belastbarer sind – was sich, wie oben bereits erwähnt, auch auf Ihr Umfeld, Mensch und Hund, auswirken wird. Und selbst, wenn die Achtsamkeitspraxis keinerlei Effekt auf Ihre Umgebung hätte, sorgt sie in jedem Fall dafür, dass Sie etwas Gutes für sich tun und Ihre innere Balance fördern.

Bei allen nachfolgenden Übungen können Sie Ihren Hund mit dabei haben, auch wenn dies nicht explizit erwähnt wird. Der Hund steht jedoch nicht im Fokus, sondern Sie selbst. Sie sollten also darauf achten, dass Sie gerade zu Beginn für sich gute Rahmenbedingungen wählen. Wenn Sie sich zum Beispiel schwierig auf eine Übung konzentrieren können, während Ihr Hund an der Leine zieht, erlauben Sie sich, Ihren Hund einen Moment abzulegen oder aber an einem Baum anzubinden und sich daneben zu stellen. Bereits hier geht es schon darum, dass Sie achtsam mit sich umgehen und gute Bedingungen für sich selbst schaffen. Sie sorgen für etwas Raum und Zeit, innerhalb der Sie für sich selbst sorgen können.

WAS BEDEUTET ACHTSAMKEIT?

Es existiert keine einheitliche Definition davon, was unter Achtsamkeit verstanden wird. Jon Kabat-Zinn, ein Professor aus den USA, der Achtsamkeitsmeditation unterrichtet und das Programm der Mindfulness-Based Stress Reduction (Achtsamkeitsbasierte Stressreduktion) entwickelte, beschreibt Achtsamkeit folgendermaßen: „Achtsamkeit bedeutet, auf eine bestimmte Weise aufmerksam zu sein: bewusst, im gegenwärtigen Augenblick und ohne zu urteilen." Somit wird Achtsamkeit nicht mit Konzentration gleichgesetzt, sondern es wird damit eine bestimmte Geisteshaltung bezeichnet.

Achtsamkeit kann durch jeden Menschen erlernt werden. Verschiedene Studien weisen darauf hin, dass Achtsamkeitspraxis sich positiv auf die psychische Gesundheit auswirken und somit unter anderem für mehr Entspannung, Ruhe und Zufriedenheit im Leben sorgen kann. Auf chronische Schmerzen kann mit Hilfe eines gezielten Achtsamkeitstrainings positiv eingewirkt werden.

ÜBUNG 1: ACHTSAMKEIT ENTDECKEN

Wenn Sie sich noch nie bewusst mit dem Thema Achtsamkeit auseinandergesetzt haben, beginnen Sie einfach mit folgender Übung: Suchen Sie sich unterwegs einen Tannenzapfen, einen Stein in einer ähnlichen Größe oder etwas anderes, was Sie in die Hand nehmen können.

Stellen Sie sich nun locker und so gut es Ihnen möglich ist entspannt hin, werfen den Gegenstand in die Höhe und versuchen Sie, ihn wieder aufzufangen. Wenn Sie möchten, können Sie die Übung auch wiederholen.

Spannend wird es erst, wenn Sie sich die Frage stellen, an was Sie während der Übung gedacht haben. Die Antwort auf diese Frage hat bereits etwas mit Achtsamkeit zu tun: Wenn Sie in dem Moment, in dem der Gegenstand in der Luft gewesen ist, dessen Flugbahn betrachtet haben, waren Sie in diesem Augenblick im „Hier und Jetzt". Sie haben es beobachtet, um bereit zu sein, das Objekt wieder aufzufangen. In diesem Moment war in Ihren Gedanken kein Platz für die anstehende To-Do-Liste, für Gedanken rund um den eigenen Hund oder die Planung des nächsten Einkaufs. Stattdessen waren Sie ganz bei sich. Exakt um diesen Zustand geht es bei der Achtsamkeitspraxis.

ÜBUNG 2: BEWUSST SPÜREN

Sie suchen sich einen möglichst bequemen Platz für sich und für Ihren Hund. Eine Sitzbank oder eine Blumenwiese können gut geeignet sein, gemeinsam mit seinem Hund inne zu halten und sich je nach Ihrem Geschmack hinzusetzen oder zu hocken. Ideal ist es für diese Übung, wenn Sie auf Höhe Ihres Hundes sind, wenn Sie also einen kleinen Hund haben wäre es günstig, wenn Sie sich mit diesem auf den Boden setzen.

Sobald Sie einen bequemen Platz gefunden haben, laden Sie Ihren Hund ein, sich neben Ihnen einzufinden. Der Hund muss dabei nicht unbedingt sitzen, sondern kann natürlich auch stehen oder liegen. Er sollte sich lediglich in Ihrer greifbaren Nähe befinden. Legen Sie eine oder beide Hände auf Ihren Hund und schließen Sie am besten die Augen. Nehmen Sie sich nun einen Augenblick Zeit, um Ihren Hund einmal ganz bewusst zu „erspüren": Wie ist seine Atmung, wie fühlt sich sein Fell an, ist Ihr Hund angespannt oder entspannt? Lassen Sie sich bewusst Zeit für diese Übung.

Sollten Sie die Übung lieber ohne Ihren Hund machen beziehungsweise ohne diesen anzufassen, können Sie sich auch einfach hinsetzen, die Augen schließen und Ihren Fokus auf die Geräusche in der Natur lenken. Oder Sie spüren ganz bewusst Ihren Körper: Wo berührt Ihr Körper den Boden, welche Muskeln sind entspannt/angespannt, wie fühlt sich Ihr linker Fuß an?

Egal, welche Variante der Übung Sie wählen: Wenn Sie merken, dass Ihre Gedanken abschweifen, holen Sie Ihre Aufmerksamkeit wieder dahin zurück, wo Sie sie zuletzt hatten (zum Beispiel bei dem Erspüren der Atmung Ihres Hundes oder Ihres eigenen Fußes).

ÜBUNG 3: ACHTSAMES GEHEN

„Wenn ihr trinkt, trinket nur,
wenn ihr geht, gehet nur."

Zen-Empfehlung

Eine Übung, die Sie auf dem täglichen Spaziergang einbauen können, ohne dafür eine Pause einlegen zu müssen, ist die aus dem Buddhismus stammende Gehmeditation. So können Sie Ihr Achtsamkeitstraining in eine Tätigkeit, die Sie sowieso mehrfach am Tag ausüben, einbinden. Das ist vor allem sinnvoll, weil wir bei eintönigen Bewegungsabläufen wie dem Gehen dazu neigen, unsere Gedanken schweifen zu lassen. Dies hat zur Folge, dass ein Spaziergang, der zur Erholung und zum Ausgleich zum Alltag angedacht war, nicht selten von negativen Gedanken und mit Sorgen belastet ist und somit den gegenteiligen Effekt hat und Stress auslöst.

Manche Orte eignen sich besonders gut, um Achtsamkeit zu üben.

Wie bei anderen Achtsamkeitsübungen oder Meditationen geht es bei dieser Übung darum, den gegenwärtigen Augenblick ganz bewusst wahrzunehmen.

Bevor Sie mit der Gehmeditation starten, können Sie mit einer kleinen Vorübung beginnen, die dazu dient, sich etwas zu sammeln. Stellen Sie sich hin und pendeln Sie ein bisschen hin und her, um herauszufinden, wann Sie einen besonders stabilen Stand und somit ihren Schwerpunkt gefunden haben.
Spüren Sie bewusst den Boden, atmen Sie einmal oder mehrmals tief ein und aus und beginnen Sie nun, sich langsam in Bewegung zu setzen und einen Schritt nach dem anderen zu gehen.

Achten Sie darauf, zwischendurch zu überprüfen, ob Sie Ihre Aufmerksamkeit noch ganz auf Ihren Körper, die Empfindungen beim Berühren des Bodens mit dem Fuß und so weiter richten. Falls Sie mit Ihren Gedanken abgeschweift sind, richten Sie Ihre Aufmerksamkeit wieder bewusst auf sich.

Wenn Sie besonders langsam gehen, fällt es leichter, die eigenen Körperempfindungen zu beachten.
Nehmen Sie sich zu Beginn keine große Strecke vor, fangen Sie einfach mit ein paar Schritten an und steigern Sie sich allmählich.
Wenn Sie barfuß gehen, können Sie den Boden noch besser spüren und genauer wahrnehmen, wie Ihr Fuß darauf abrollt.

WEITERE VARIANTEN

Vor allem, wenn Sie merken dass es Ihnen noch schwerfällt, Ihre Aufmerksamkeit ganz auf sich zu richten, können Sie auch einmal diese Variante ausprobieren:
Sie starten, nachdem Sie sich gesammelt haben, die Gehmeditation. Ihren Fokus richten Sie dabei dieses Mal jedoch nicht auf Ihren eigenen Körper, sondern beachten ganz genau Ihren Hund. Ihr Hund sollte dabei angeleint sein. Läuft Ihr Hund vor Ihnen, können Sie beispielsweise einmal ganz bewusst wahrnehmen, wann seine Pfoten den Boden berühren, wie er läuft oder wie seine Atmung ist. Sollte Ihr Hund neben oder hinter Ihnen laufen ist es nicht nötig, dass Sie sich zu ihm umdrehen.
Sie können auch aus dieser Position heraus versuchen, ganz bewusst zu entdecken, wie er atmet und sich fortbewegt.

Bei der Gehmeditation konnte ich häufig Folgendes bei den Mensch-Hund-Teams beobachten: Hunde, die zuvor sehr unaufmerksam waren und sich wenig an ihren Haltern orientierten oder an der Leine zogen, veränderten relativ schnell ihr eigenes Verhalten, nachdem ihre Halter einige Minuten Gehmeditation praktizierten. Sie liefen auf einmal neben ihren Menschen, schauten diese an und passten ihr eigenes Lauftempo an das ihrer Halter an.

Selbstverständlich ist die Gehmeditation kein Ersatz für ein Hundetraining, zum Beispiel zum Training der Leinenführigkeit, dennoch soll dieses Beispiel verdeutlichen, welch großen Einfluss unsere Stimmung, unser Verhalten und unsere innere Haltung auf die Verhaltensweisen unserer Hunde haben.

LINKS

Weitere Achtsamkeitsübungen:

- Deutsches Fachzentrum für Achtsamkeit https://dfme-achtsamkeit.de/achtsamkeitsuebungen/
- Achtsamkeit Lernen http://www.achtsamkeit-lernen.de

BUCHER

- **Ulrich Hoffmann:** *Mini-Meditationen,* Gräfe und Unzer Verlag, 2014
- **Dr. Patrizia Collard:** *Das kleine Buch vom achtsamen Leben,* Heyne, 2016

Gutes Tun: Plogging mit Hund

Teilnehmerzahl:
Ab 1 Mensch-Hund-Team

Vorbereitungsaufwand:
Gering

Aktivitätsdauer:
Flexibel

Gelände:
Überall

Material/Ausrüstung:
Behältnis für Abfall, Handschuhe

Plogging stammt aus Schweden und ist aus dem schwedischen Wort „plocka" (= aufheben) und Jogging gebildet. Genau das beschreibt auch schon exakt, worum es beim Plogging geht, nämlich joggend Abfall aufzusammeln. Hierbei können Sie etwas Bewegung, eine gemeinsame Aktivität mit dem Hund, soziale Verantwortung und Umweltschutz verbinden.

ABLAUF

Der Vorbereitungsaufwand ist nahezu nicht vorhanden, da Sie lediglich ein Behältnis zum Aufsammeln des Abfalls und Handschuhe benötigen.

Vielleicht haben Sie sowieso bereits Ihre persönliche Gassistrecke oder eine andere Umgebung im Kopf, bei der Sie sich selbst schon einmal über den herumliegenden Müll geärgert haben. Sie müssen nicht joggen, sondern können natürlich auch in Ihrem gewohnten Tempo den Abfall einsammeln. Ihre Fitness wird ohnehin durch das regelmäßige Bücken und Sich-wieder-Aufrichten trainiert.

Am effektivsten im Sinne des Umwelt- und Naturschutzes ist Plogging sicherlich in der Natur, aber auch in der Stadt kann man das eine oder andere Plastikteil oder anderen Müll daran hindern, in unsere Flüsse oder Meere zu gelangen.

Auch wenn die Hunde meist keine spezielle Aufgabe beim Plogging erhalten, ist es für sie spannend, gemeinsam mit ihrem Halter auf die Suche nach Abfällen zu gehen.
Je nach Hund können Sie hier auch direkt Impulskontrolle und Frustrationstoleranz üben, wenn es darum geht, dass nur Sie und nicht der Hund den Müll aufsammeln sollte.

Sie können Ihren Hund aber auch einbinden und ihm gestatten, ungefährliche Objekte wie beispielsweise weggeworfenen Papiermüll oder Plastikflaschen zu apportieren. Bitte achten Sie genau darauf, was Sie Ihrem Hund erlauben aufzunehmen und was nicht.

Sie können das Plogging gestalten wie Sie möchten. Wichtig beim Plogging mit Hund ist, dass Sie darauf achten, dass weder Ihr Hund noch Sie sich verletzen. Vor allem, wenn es um zerbrochenes Glas oder Metalldosen und Ähnliches geht, sollten Sie sichergehen, dass Ihr Hund keinesfalls hineintritt.

Selbstverständlich entsorgen Sie am Ende Ihrer Tour den Abfall entsprechend.

Wenn Sie Ihre Hunde einfach irgendwo absetzen und warten lassen können, macht dies vieles einfacher. So können Sie in Ruhe den Unrat aufsammeln, ohne dass sich Ihre Hunde eventuell daran verletzen.

PRAXISTIPPS

In der Gruppe macht das Plogging besonders viel Spaß.
Es geht nicht darum, möglichst große Abfälle einzusammeln. Kronkorken, Zigarettenstummel oder weggeworfenes Verpackungsmaterial sehen unschön aus und sorgen neben einer Verschmutzung der Umwelt auch dafür, dass zahlreiche Wildtiere erkranken und sogar verenden.
Selbst, wenn Sie nicht mit einer Mülltüte bewaffnet mit dem Ziel losziehen, Abfall einzusammeln, schadet es nichts, bei einem Spaziergang ab und an mal etwas aufzuheben und im nächsten Abfalleimer zu entsorgen.

WEITERE VARIANTEN

Wenn Sie Plogging in der Gruppe veranstalten, können Sie daraus durchaus eine unterhaltsame Challenge machen und nach einer verabredeten Zeit schauen, wer am erfolgreichsten bei der Jagd nach Abfall gewesen ist.
Sie können auch Kniebeugen, Dehnübungen oder Übungen mit Ihrem Hund in die Laufunterbrechungen mit einbauen.
So bleibt es immer abwechslungsreich.

AUSBLICK

Neben den in diesem Buch näher vorgestellten Outdoor-Abenteuer gibt es eine Vielzahl an weiteren Möglichkeiten, je nach Geschmack, Fähigkeiten und Laune, ein kleines oder großes Erlebnis mit dem eigenen Hund zu erfahren. Einige weitere Ideen möchte ich nicht unerwähnt lassen und Ihnen mit auf den Weg für Ihre persönlichen Outdoor-Abenteuer geben:

EISENBAHN-DRAISINE FAHREN MIT HUND
Mittlerweile gibt es in verschiedenen Regionen Eisenbahn-Draisinen, bei denen Sie Ihr Hund auf eine Fahrt begleiten kann. In der Regel werden die Draisinen entweder mit Elektroantrieb oder per Muskelkraft wie ein Fahrrad betrieben.

TRETBOOT ODER RUDERBOOT FAHREN
Neben dem SUP oder der Fahrt mit dem Kanu gibt es die Möglichkeit, mit dem Tret- oder Ruderboot gemeinsam mit dem Hund Wassersport zu betreiben. Nicht jeder Bootsverleih erlaubt Hunde, erkundigen Sie sich vorab also einfach danach.

HAUSBOOT-URLAUB
Einige Miet-Hausboote gestatten auch Hunde. Außerdem gibt es Boote, für die Sie keinen Bootsführerschein benötigen. Allerdings ist dieses Outdoor-Abenteuer mit Hund relativ kostspielig.

BESUCHERBERGWERK BESUCHEN

Besuchen Sie mit Ihrem Hund ein Besucherbergwerk, eine Höhle oder unterirdische Katakomben. Vielerorts ist dies mit Hund möglich.

FERNWANDERWEG MIT HUND

Wandern Sie gemeinsam mit Ihrem Hund einen Fernwanderweg.

LANGLAUF MIT HUND

An manchen Orten gibt es spezielle Loipen, die mit Hund genutzt werden dürfen.

SCHLITTENFAHREN MIT HUND

Schlittenfahren mit Hund ist ein wunderbares Winter-Erlebnis! Und falls Ihr Hund gewöhnt ist, mit einem Zuggeschirr zu laufen und zu ziehen, können Sie sich sogar von ihm auf dem Schlitten ziehen lassen.

HÜTTENTOUR MIT HUND

Machen Sie eine Hüttentour mit Ihrem Hund. Denken Sie daran, sich vorher zu informieren, ob Hunde genehmigt sind.

Sie können mit Ideen, die Sie in diesem Buch gefunden haben und Ihren eigenen Ideen eine Art „Bucket-List für Outdoor-Abenteuer mit Hund" erstellen.
Eine „Bucket-List" ist eine Liste von Dingen und Erfahrungen, die Sie gerne erreichen, erledigen und machen wollen. Darauf können durchaus auch Orte stehen, die Sie besuchen möchten.

Am besten Sie nehmen sich ein paar kleinere Abenteuer vor, die im Alltag neben Arbeit und Privatleben gut realisierbar sind. Es dürfen und sollen aber auch ein paar größere Outdoor-Abenteuer mit Hund dabei sein.

Ich wünsche Ihnen viel Spaß bei Ihren gemeinsamen Outdoor-Abenteuern, ob alleine oder gemeinsam mit anderen Mensch-Hund-Teams. Ich bin mir sicher, dass diese Ihr Leben bereichern werden!

„Adventure is a state of mind, a spirit of trying something new and leaving your comfort zone. It´s about enthusiasm, ambition, open-mindness and curiosity."

Alastair Humphreys

AUTORENPORTRÄT

Verena Helfrich lebt mit ihrem Mann, drei Hunden und weiteren Tieren in der Nähe von Trier. Sie ist Diplom-Pädagogin, Politologin (M. A.), ausgebildeter Coach und Hundetrainerin.

Die Arbeit mit Hunden und Menschen ist für sie kein Beruf, sondern eine echte Berufung und Leidenschaft. Bereits während ihres Studiums machte sie sich als Expertin im Bereich Persönlichkeitsentwicklung mit Hunden selbständig. Es folgten Coaching-Reisen mit Hund und diverse Erlebnisse, wie ihre aus TV und Print bekannten Krimiwanderungen mit Hund.

Ihr Unternehmen „PudelsKern" umfasst heute die Bereiche Hundetraining, Erlebnisse mit Hund und Pädagogik und Hund. Besonders wichtig ist ihr ein offener, respektvoller Umgang mit allen Menschen- und Hundepersönlichkeiten. Dazu gehört für sie, mit viel Empathie und Akzeptanz allen Persönlichkeiten gegenüber zu treten. In diesem Zusammenhang spielt auch Methodenreichtum eine wichtige Rolle in ihrer Arbeit.

Kontakt:
www.pudelskern.dog
hallo@pudelskern.dog

„Hunde geben uns die Möglichkeit, unser eigenes Verhalten, das eigene Tun, kritisch zu hinterfragen und auf unsere Authentizität zu überprüfen. Sie geben uns immer ein direktes und ehrliches Feedback!"

Verena Helfrich

DANKE

Besonders möchte ich mich bei den vielen Menschen und Hunden, die mich im Privaten und bei meiner Arbeit begleitet haben, bedanken. Ohne ihre Offenheit, sich mit mir auf neue Erfahrungen und Abenteuer einzulassen, wären all' die Ideen und dieses Buch nicht entstanden.

Meinem Mann Andreas danke ich nicht nur für die Unterstützung bei der Entstehung dieses Buches, sondern auch für seine Begeisterung und seinen Zuspruch, den er mir stets zu meiner Arbeit mit Menschen und ihren Hunden gibt. Wir haben in den letzten Jahren viele der in diesem Buch geschilderten Abenteuer mit unseren eigenen Hunden erleben dürfen und werden hoffentlich noch viele weitere Outdoor-Abenteuer gemeinsam erfahren!

Ein herzliches Dankeschön geht auch an meine Kollegin Petra Krivy, die mich ermutigt hat, dieses Buch zu schreiben, und an Claudia König vom Verlag Müller Rüschlikon, die von Anfang an diese Idee mitgetragen hat.

Verena Helfrich

ANHANG

Gruppenregeln

Wenn Sie in einer Gruppe von Mensch-Hund-Teams unterwegs sind, kann es sinnvoll sein, vorab Gruppenregeln aufzustellen. Jedes Mensch-Hund-Team weiß so vorab Bescheid und kann sich darauf einstellen.

Nachfolgend finden Sie Beispiele für mögliche Regeln, die Sie individuell anpassen konnen.

1.
Jeder ist für seinen Hund verantwortlich. Dies gilt auch für die ordnungsgemäße Entsorgung der Hinterlassenschaften.

2.
Freilauf ist in Gebieten, in denen es keine Beschränkungen gibt, unter folgenden Voraussetzungen gestattet (Beispiele): Der Hund ist sozialverträglich / bei Bedarf mit einem Maulkorb abgesichert / abrufbar / verhält sich anderen Menschen und/oder Hunden an der Leine gegenüber nicht aufdringlich etc.

3.
Läufige Hündinnen können teilnehmen / nicht teilnehmen / nach Absprache teilnehmen.

4.
Auf Spielzeug sollte verzichtet werden, Leckerchen dürfen nur dem eigenen Hund gegeben werden.

5.
Würgehalsbänder, Elektroschockhalsbänder und Ähnliches sind verboten.

6.
Teilnehmende Hunde müssen frei von ansteckenden Krankheiten sein.

7.
Die Teilnahme erfolgt auf eigenes Risiko.

Unter Umständen ist es ratsam, weitere Regeln zu ergänzen. Was sinnvoll ist oder nicht hängt ganz von Ihrer Veranstaltung ab.

Geheimschriften & Co.

Bei Geländespielen wie dem Geocaching oder den Krimiwanderungen mit Hund bieten sich viele verschiedene Möglichkeiten, Nachrichten wie beispielsweise Wegbeschreibungen zu verschlüsseln.

Ein paar Verschlüsselungsvarianten sind nachfolgend dargestellt, codiert wird in den Beispielen jedes Mal der Slogan „Outdoor-Abenteuer mit Hund":

1.
Text und Wörter rückwärts geschrieben:
DNUH TIM REUETNEBA ROODTUO
Ein rückwärts geschriebener Text ist schwieriger zu entschlüsseln, wenn Sie die Satzzeichen weglassen und alles in Klein- oder Großschrift schreiben.

2.
Text und Wörter rückwärts geschrieben und unterschiedlich gruppiert:
DNU HTIMR EUET NEBARO ODTUO
Bei dieser Variante werden die Leerzeichen an die „falsche" Stelle gesetzt.

3.
Nach jedem Buchstaben einen/mehrere Buchstaben hinzufügen, die nicht zum Text gehören (im nachfolgenden Beispiel die Buchstaben ER): OERuERtERdERoERo-ERrEREERrERlEReERbERnERiERsERsEReER-mERiERtERHERuERnERdER

Diese Variante können Sie auch damit kombinieren, dass Sie die Leerzeichen an anderer Stelle setzen und/oder den Text rückwärts schreiben. Alternativ können Sie den oder die zusätzlichen Buchstaben auch ausschließlich nach Vokalen oder Konsonanten einfügen.

4.
Zahlen ersetzen Buchstaben: Jede Zahl steht für einen Buchstaben im Alphabet, 1 steht für A, 26 für Z.

Unsere Beispielwörter werden in dieser Verschlüsselungsvariante wie folgt geschrieben:
15,21,20,4,15,15,18 5,18,12,5,2,14,9,19,19,5 13,9,20 8,21,14,4

WEITERE MÖGLICHKEITEN:

- **Caesar-Chiffrescheibe:**
  Die Caesar-Chiffrescheibe, auch Caesar-Verschiebung oder Verschiebechiffre, ist nach dem römischen Feldherrn Gaius Julius Caesar benannt, der diese Verschlüsselungstechnik bereits genutzt haben soll. 2 runde Scheiben, auf denen jeweils das Alphabet ringförmig aufgeschrieben ist, bilden die Caeser-Chiffrescheibe. Übereinander gelegt kann nun die kleinere Scheibe um beliebig viele Stellen verschoben werden und Sie können mit der entsprechenden Verschiebung Ihre Geheimbotschaft verfassen. Derjenige, der diese lesen

Beispiel zu Punkt 4. Zahlen ersetzen Buchstaben:

A	B	C	D	E	F	G	H	I	J	K	L	M	N	O	P	Q	R	S	T	U	V	W	X	Y	Z
1	2	3	4	5	6	7	8	9	10	11	12	13	14	15	16	17	18	19	20	21	22	23	24	25	26

A	B	C	D	E	F	G	H	I	J	K	L	M	N	O	P	Q	R	S	T	U	V	W	X	Y	Z
C	D	E	F	G	H	I	J	K	L	M	N	O	P	Q	R	S	T	U	V	W	X	Y	Z	A	B

Beispiel der Caesar-Chiffrescheibe: Verschiebung der Scheibe um 2 Zeichen.

möchte, benötigt ebenfalls eine Caeser-Chiffrescheibe und muss wissen, um wie viele Stellen diese verschoben wurde.

Unsere Beispielwörter werden somit mittels der Caeser-Verschiebechiffre um 2 wie folgt geschrieben: Qwvfqqt Cdgpvgwgt okv Jwpf

- **Geheimtinte:**
  Sicherlich kennen Sie die Möglichkeit, eine Nachricht mit Zitronensaft zu schreiben, die durch Erhitzen sichtbar wird. Der Nachteil dieser Variante liegt darin, dass Sie beispielsweise ein Feuerzeug benötigen, um die Nachricht sichtbar zu machen. Das kann sowohl unpraktisch als auch unter Umständen gefährlich sein.

  Eine einfache Variante ist einen UV-Geheimstift zu nutzen. Die Schrift wird mit Hilfe einer UV-Taschenlampe sichtbar.

- **Schablonen:**
  Erstellen Sie eine Schablone, die auf einen Text, zum Beispiel eine Buchseite oder einen Ausdruck, gelegt werden muss, um eine geheime Nachricht zu entschlüsseln.

Tipp: Wenn Sie einen Text verschlüsseln, wahlen Sie einen kurzen, knappen Text. Ansonsten dauert die Auflösung des Rätsels unter Umständen sehr lange.

Eine Fülle von Ideen und Verschlüsselungsmöglichkeiten finden Sie zum Beispiel auf vielen Internetseiten zum Thema Geocaching. Achten Sie darauf, dass die gewählte Geheimschrift beziehungsweise Verschlüsselungsvariante nicht zu schwierig gewählt ist.

Links, Bücher und DVDs

Linktipps und Buchempfehlungen zu den jeweiligen Erlebnissen finden Sie immer am Ende des jeweiligen Outdoor-Erlebnisses.

Nachfolgend finden Sie weitere Empfehlungen, die sich allgemein mit Outdoor-Abenteuer - mit und ohne Hund - und verwandten Themen beschäftigen.

LINKS

- In Deutschland gibt es unzählige Natur- und Landschaftsschutzgebiete, eine interaktive Übersicht erhalten Sie auf folgender Internetseite des Bundesamtes für Naturschutz:
  www.geodienste.bfn.de/schutzgebiete
- Je nachdem, wo Sie Ihr Outdoor-Erlebnis durchführen oder wie Sie dorthin reisen

möchten, benötigen Sie eventuell einen Maulkorb für Ihren Hund. Um nicht auf eine Maulschlaufe oder einen Nylonmaulkorb zurückgreifen zu müssen, die das Hecheln des Hundes verhindern und somit nur in absoluten Notfällen zu verwenden sind, sollten Sie sich gegebenenfalls frühzeitig ein passendes Modell für Ihren Hund anschaffen. Bei chic & scharf erhalten Sie die größte Auswahl in Deutschland und Nachbarländern und weiteres nützliches Zubehör für Abenteuer mit Hund:
  www.chicundscharf.com
- **PudelsKern,** Verena Helfrich
  Hundetraining, Erlebnisse und Pädagogik & Hund
  www.pudelskern.dog
- **Struwwelköter**
  Hundewanderungen,
  Krimiwanderungen und mehr
  hallo@struwwelkoeter.dog
- **Travel Dogs**
  Blog über spannende Outdoor-Touren mit Hund, auch SUP Touren mit Hund
  www.travel-dogs.de

BÜCHER

- **Christo Foerster:** *Mikroabenteuer – Ideen, Ausrüstung, Motivation*, Christo Foerster Publishing, 2018
- **Alastair Humphreys:** *Microadventures – Local discoveries for great escapes*, WilliamCollinsBooks, 2014
- **Andreas Paul Kaiser:** *Navigation mit Smartphone & Co. – Der ultimative Pocket-Guide für Outdoor-Touren*, Pietsch Verlag, 2019
- **Petra Krivy:** *Lernen mal anders – Neue und kreative Ideen für das Hundetraining*, Müller Rüschlikon, 2018
- **Sepp Fischer:** *Bushcraft – Das Buch vom Waldhandwerk*, Pietsch Verlag, 2017
- *Der große Kosmos-Naturführer Tiere und Pflanzen*, Franckh Kosmos Verlag, 2015
- **Frank Hecker:** *Tierspuren – lebensgroß*, Franckh Kosmos Verlag, 2018

DVDS

- **Sophie Strodtbeck:** *Notfall! Erste Hilfe für meinen Hund – Maßnahmen bei Verletzungen und Erkrankungen*, Dogtale-Movies, 2013

Weitere interessante Bücher zum Thema

Martina Stricker
Flächensuche mit Hund
Vom Freizeitspaß bis zur Vermisstensuche

160 Seiten, 159 Bilder, 32 Strichzeichnungen
Format 170 x 240 mm
ISBN 978-3-275-02139-0
€ 19,95 / € (A) 20,60

Monika Schaal
Der aufgeregte Hund
Gemeinsam zu mehr Ruhe und Gelassenheit

160 Seiten, 127 Bilder
Format 170 x 240 mm
ISBN 978-3-275-02102-4
€ 19,95 / € (A) 20,60

Monika Schaal
Hundeerziehung
Einfach geht auch!

160 Seiten, 164 Bilder
Format 170 x 240 mm
ISBN 978-3-275-02061-4
€ 19,95 / € (A) 20,60

Sophie Strodtbeck
Vom Welpen zum Senior
Eine Reise durchs Hundeleben

160 Seiten, 110 Bilder
Format 170 x 240 mm
ISBN 978-3-275-02014-0
€ 19,95 / € (A) 20,60

Änderungen in Preis und Lieferfähigkeit vorbehalten.

Überall, wo es Bücher gibt, oder unter
WWW.MUELLER-RUESCHLIKON.DE
Service-Hotline: 0711 / 78 99 21 51

Müller Rüschlikon